社会科学のための統計学

野口博司
又賀喜治 著

日科技連

はじめに

「データは語る」ということがしばしばいわれる．それはデータを科学的に調べると，社会で起きている様々な現象の特徴がよくわかるからである．そして，そこで何が起こっているかを調査と観察を通して研究することを実証的に研究するという．統計学は「データが語る」情報を的確に捉えるためのいろいろな方法を提供しており，実証研究にとって欠くことのできないものである．

本書は，これから，流通，経営，経済，サービス，ファイナンス，福祉などの問題に取り組もうとする社会科学系の大学生や，実際に産業界で活躍しているビジネスマンが，統計的方法によりデータを調べて現象の特徴を把握するために，その共通するアプローチの仕方について，平易に学べるように解説するものである．

本書は4つの大項目で構成されている．

第1は，データの見方，とり方とまとめ方である．ここでは，まず基本的な社会や産業界のデータの見方を説明する．そして，知りたい対象集団（母集団）の特徴を捉えるためには，どのようにデータをとればよいかを解説する．次にとったデータの集まりである標本データから，情報を読みとるためのデータのまとめ方について解説する．すなわち，母集団と標本との関係が理解できるようにして，度数分布，散布図（相関図）などのグラフ表示により，データの全体像を捉える方法を紹介する．また，その全体像の特徴を表すいくつかの統計量である標本平均，標本分散，標本標準偏差，相関係数，回帰直線などの算出法についても解説する．

第2は，データをまとめた度数分布と確率分布との関係を解説して，確率変数と確率分布について説明する．データが計数値である代表的な確率分布と，データが計測値である代表的な確率分布を紹介してその特徴を解説する．ここ

はじめに

では，不十分ながらもとったデータの分布はどのような確率分布になるかを説明する．

第3は，不十分ながらもとった標本データから算出した統計量が，知りたい対象の母集団の統計情報(母数)として，どれだけ信用できるかを検定する方法について解説する．また標本データから得た統計量は，母集団の母数をどれくらい言い当てているかを推定する方法についても解説する．この3つの大項目までは，1次元のデータと対(相関)である2次元までのデータについて，知りたい母集団の母数の特徴を把握していくためのアプローチ法の解説である．

最後の第4は，3次元以上の多次元データの解析方法について説明する．まず，対の2次元データに3番目のデータとして時間が入った時系列分析について紹介し，次に，同時に3次元以上のデータを扱う統計的方法として，代表的な重回帰分析について解説する．この4番目の項目を通じて，これからの統計学の広がりを感じてもらいたい．

本書を使用するにあたっての注意・助言

必要な数学的予備知識は高校の数学Iおよび数学A程度とする．統計学は積み重ねの学問であるから，何度も読み返すと共に，実際に本文中にある例題や，巻末にある演習問題の解答を試みて学習を推進するとよい．実際の計算にはエクセルの分析ツールなどを用いて実施してもよいが，計算結果の意味することを十分理解するように本文の解説を読んでいただきたい．

本書の特徴

① 社会科学系の学生・研究者や，ビジネスマンを対象に，基礎統計学の教科書としてわかりやすく解説している．

② ビジネス現場や社会調査データの例題を通じて，統計学の考え方や手法が習得できるように配慮している．

③ 巻末には，各章の代表的な演習問題があり，最後にその解答を示して自学自習ができるようにしている．

④　これを契機に統計学を本格的に学習したい読者のために，これからの学習のアドバイスや演算のための計算ソフトを紹介している．

2007 年 2 月吉日

　　　　　　　　　　　　　　　　　流通科学大学商学部
　　　　　　　　　　　　　　　　　　教授　野　口　博　司
　　　　　　　　　　　　　　　　　　教授　又　賀　喜　治

目　次

はじめに ———————————————————————————— iii

第1章　統計データとそのまとめ方 ———————————— 1

1.1　統計データ　1
1.2　母集団と標本　3
1.3　1変数データのまとめ方　6
　1.3.1　度数分布表・ヒストグラム・相対累積度数折れ線　6
　1.3.2　代表値　12
　1.3.3　散らばりの尺度　16
1.4　2変数データのまとめ方　22
　1.4.1　散布図と相関係数　22
　1.4.2　回帰直線　30
　1.4.3　分割表　37

第2章　標本データの分布 ———————————————— 39

2.1　順列と組合せ　39
2.2　確　率　43
2.3　計数値の確率分布　50
　2.3.1　離散型変数　50
　2.3.2　2項分布　55
2.4　計測値の分布　61
　2.4.1　連続型変数　61
　2.4.2　一様分布　65

    2.4.3　正規分布　66
2.5　2項分布の正規近似　71

第3章　標本平均の分布 —————————— 77
3.1　同時分布　77
3.2　不偏推定量　83
3.3　標本平均の分布　87

第4章　統計量の分布 —————————— 93
4.1　母分散が既知の標本平均の分布―z分布　93
4.2　σ^2の代わりに標本分散s^2の分布―χ^2分布　95
4.3　母分散を標本分散s^2で置換した標本平均$\bar{x}$の分布―t分布　96
4.4　2つの標本分散s^2の比の分布―F分布　97
4.5　統計量の分布間の関係　99

第5章　統計的推定・検定 —————————— 101
5.1　推定の考え方　101
5.2　検定の考え方　105
　5.2.1　仮説と有意水準　105
　5.2.2　両側検定と片側検定　108
　5.2.3　検定における2種類の誤り　110
5.3　計測値の検定と推定　112
　5.3.1　1つの母集団における検定と推定　113
　5.3.2　2つの母集団における検定と推定　116
　5.3.3　対応がある場合の母平均の差の検定と推定　123
5.4　計数値の検定と推定　125
　5.4.1　母支持率における検定と推定　127
　5.4.2　母支持率の差に関する検定と推定　129
　5.4.3　適合度の検定　131

5.4.4　分割表による検定　133

第6章　多次元データの分析法 ——————137
6.1　時系列分析　137
　　6.1.1　傾向変動の分析　140
　　6.1.2　周期的変動の分析　146
6.2　重回帰分析　150
　　6.2.1　回帰直線から重回帰分析への拡張　150
　　6.2.2　重回帰係数の計算 $(p=2)$　153
　　6.2.3　重回帰式の分散分析表と重相関係数　154
　　6.2.4　重回帰モデルに関する推定　158
　　6.2.5　回帰診断　160
　　6.2.6　説明変数の選択　164

第7章　統計解析ソフト ——————171
7.1　Excel の分析ツール　171
7.2　フリーソフトウェア R　173

演 習 問 題　177
演習問題解答　184
付　　　表　191
参 考 文 献　199
索　　　引　201

[執筆分担]
■野 口 博 司：第 4～7 章
■又 賀 喜 治：第 1～3 章

第1章
統計データとそのまとめ方

　本章では，調査研究の対象集団から，様々な方法で収集されたデータの全体的な特徴を把握する方法を学ぶ．それは視覚を通して直感的に特徴を捉えるためのグラフ表示と，特徴を集約的に担う働きをするいくつかの数値を算出することからなる．まず，前半ではただ1項目のデータを扱う．1項目のデータを扱うときは，データの中心といわれる考えと，データの広がりという考えが重要となる．後半では2項目のデータを同時に扱う．その場合，2つの項目のデータがどのように関係しているか，あるいは一方の項目のデータを見ることで他方の項目のデータがどのようなものであるかを推測できるかということが新たな課題となる．

　統計学で扱うデータは数値データである場合が多く，データ処理のために数式を利用する．しかし，統計学は数学の1分野ではなく，商学，経営学，経済学などの社会科学を研究するために非常に有用な方法を提供する分野である．

1.1　統計データ

　表 1.1 は人工的に作成したデータであるが，120 人の高校生を調査し，得たデータであると想定する．調査項目は，性別，クラブ活動(スポーツクラブ，文化クラブ，所属無し)，1週間のうち課外学習(課外授業，塾，予備校など)を受けている日数，模擬テスト A の成績，模擬テスト B の成績である．項目は属性ともいわれる．左端の縦の列は調査した生徒から得たデータに付された一連番号である．調査対象集団の構成員を一般に**個体**という．統計では個体という言葉が頻繁に現れるが，氏名で代表されるような個体を識別する項目は重視しない．それは統計の目的が，個体そのものではなく，集団の全体的特徴を導くことだ

第 1 章 統計データとそのまとめ方

表 1.1 データシート例

番号	変数 1 (性別)	変数 2 (クラブ活動)	変数 3 (1 週間の課外 学習の日数)	変数 4 (模擬テスト A の成績)	変数 5 (模擬テスト B の成績)
1	男	スポーツ	2	54	76
2	男	文化	5	57	69
3	女	文化	3	52	58
・	・	・	・	・	・
・	・	・	・	・	・
・	・	・	・	・	・
120	男	無	1	64	70

からである．無記名のアンケート調査，あるいは工場の製造工程から生産される規格品のように，個体の識別名は最初から問題とされないこともある．左から 2 列目の「変数 1」から「変数 5」までが調査項目である．調査項目は，個体ごとにデータ値が変化するという意味で，**変数**あるいは**変量**と呼ばれる．データを収集し，一覧表に記入しデータシートを作成する．表 1.1 では，1 個体分のデータはシートの横に伸びる 1 行を使って記入されている．このように通常データシートには，縦の列方向に個体別，横の行方向に変数別に区分けされて記入される．コンピュータソフトウェアにより統計処理を行うときも，データファイルは表 1.1 と同じ形式に作成されることが多い．縦横を入れ替えた形にデータシートが作成されることもあるが，それはデータに特別な処理をするとき，あるいは本などにデータを印刷する場合，紙面の大きさに制約があるときなどに行われる．本書においても，紙面節約のため表 1.1 とは縦横入れ替わったデータシートを書くことがある．

変数 1 の「性別」と変数 2 の「クラブ活動」は定性的内容である．このような変数を**質的変数**という．変数 3，4，5 はいずれもデータが数値で表される．このような変数を**量的変数**という．量的変数は，そのデータが個数あるいは回数を数えるなど計数により得られるとき**離散型変数**といわれる．そのデータが物差し，はかり，ストップウオッチなどにより計測されて得られるとき**連続型変数**といわれる．離散型とは，出現するデータ値がとびとびに離れているという

$$
\text{変数・データ}
\begin{cases}
\text{質的変数・質的データ} \\
\text{量的変数・量的データ}
\begin{cases}
\text{離散型変数・離散型データ} \\
\text{連続型変数・連続型データ}
\end{cases}
\end{cases}
$$

図 1.1　統計における変数・データの性質と型

意味からきている．連続型とは，出現する数値が，ある範囲のどのような値にもなり得て連続的に現れるという意味で用いられている．それぞれの型の変数についてのデータは，**質的データ**，**量的データ**，**離散型データ**，**連続型データ**といわれる．変数 3 の「1 週間の課外学習の日数」は離散型変数の例である．変数 4 と 5 の「模擬テストの成績」は，見かけ上は 1 点刻みでデータが現れるが，能力を測るものであるとすれば，本来はデータ値は連続的に現れると考えられる．したがって，変数 4 と 5 は連続型変数として扱われる．以上をまとめると図 1.1 となる．このように変数・データの性質と型を区別し，それぞれに適した統計的方法がとられる．

1.2　母集団と標本

調査研究の対象となる個体すべてから成る集団を**母集団**という．統計学は母集団の特徴を導き出す様々な方法を提供する．母集団を構成する個体すべてを調査・観測しデータを得ることを**全数調査**という．全数調査により得られる母集団についての情報が，統計にとっては真実というべき事柄である．全数調査に対して，母集団から一部の個体を抽出し，それらを調査・観測しデータを得ることを**標本調査**という．抽出された個体を**標本**という．標本として抽出された個体の個数を**標本の大きさ**という．母集団，標本というとき，個体の集まりを指す場合もあり，各個体の属性であるデータ値の集まりを指すこともある．これらは習慣的にどちらの意味でも使われている．しかし，どちらの使われ方がされても混乱が起こることはないであろう．学生の成績が問題となっていると

き，対象となる学生全体を母集団，調査のために選び出された学生の集まりを標本ということもあり，最初から成績に注目して，対象となっている学生の成績全体を母集団，選び出された学生の成績の集まりを標本ということもある．

全数調査が可能であれば，すべてのデータを適切に処理することにより母集団に関する情報を得ることができる．ところが，国勢調査を考えれば容易に想像がつくように，母集団が大きい場合，調査の企画，実施から結果が出るまでの間に膨大な労力，時間，費用を必要とする．また，製品の機能を損なうことになるような製品検査などでは全数調査を行うことはできない．全数調査に対し標本調査においては，上記のような問題点のいくつか，あるいは多くを回避して行うことができる．しかし統計の目的は，全数調査をすれば得られるであろう情報を取得することであるから，標本調査の結果をそのまま母集団の特徴として結論づけることはできない．ここに統計学が活躍する．統計学は，母集団の特徴を，標本を調査・観測した結果から導き出すための様々な方法を提供する分野である，ということができる．

統計学が有効であるためには，標本が母集団の公平な縮図であると期待される必要がある．母集団に属するどの個体も同様の確からしさで標本に選ばれるような抽出法を**無作為抽出**という．より広い意味でいえば，大きさ n の標本をとり出すとき，母集団の個体のどの n 個の組み合わせも同様の確からしさで標本に選ばれるような抽出法である．無作為抽出された標本から得られるデータに基づく情報には，確率の法則が適用されて，全数調査が行われたら得られるであろう情報に関係づけられる．これについては，統計的推定と検定の問題として第 5 章以降で学ぶ．

母集団を構成する個体がすべて特定されている場合，無作為抽出を実行するための最も基本的方法として番号カードを利用する方法が考えられる．ある大学の学生数が 5,000 人であるとして，これを母集団とする．この母集団から大きさ 50 の無作為標本を選ぶために次のようにする．まず，5,000 人の学生に 0001 番から 5000 番までの番号をふる．別に，0001 から 5000 までの数字を 1 個ずつ書いたカードを作る．これらのカードすべてを箱の中に入れ，よくかき

混ぜてから 1 枚を取り出す．そして，そのカードに記入されている数と同じ番号の学生を標本とする．次に，取り出したカードは元に戻さずに，箱の中のカードをよくかき混ぜてからさらにカードを 1 枚取り出し，そのカードに記入されている数と同じ番号の学生を次の標本とする．以降同様に 50 人目の標本が決まるまで繰り返す．このようにして得た大きさ 50 の標本は，無作為抽出による標本とみなすことができる．なぜなら，どの 50 人の組も同様の確からしさでとり出されると考えられるからである．

カードを利用する標本抽出は，乱数表を利用すればより簡単に行うことができる．巻末の付表 6 は乱数表の例である．乱数表は 0 から 9 までの数字の並びの表であり，ある数字の次にどの数字が現れるか全く予測できず，どの数字も同様の確からしさで現れるように作られている．巻末には紙数の関係から 1 ページ分しか掲載していないが，本来は何ページにもわたる大きな表である．乱数表は，利用するときの必要に応じて何桁の数の並びとみなしてもよい．ここでは 4 桁の数の並びとみなして利用する．

上記と同じように，0001 番から 5000 番までの番号をふられている学生 5,000 人から大きさ 50 の標本を抽出したいとしよう．最初に，乱数表を読み始める数字の位置を任意に決める．その数字から右横に連続して 4 個の数字をとり，それらを 4 桁の数とみなし，それと同じ番号の学生がいれば標本としてとり出す．もしその番号の学生がいなければ，次の 4 個の数字を 4 桁の数としてとり出し，該当する学生がいれば標本としてとり出す．該当者がいない場合，あるいは既に標本として抽出されている場合はそのまま次に進む．乱数表の読みは 1 行が終われば次の行へ移り，1 ページが終われば次のページに移るというようにして 4 桁の数を順次とり出す．このようにして，標本の大きさが 50 に達するまで繰り返す．このような手続きにより抽出された標本は，個体のどのような属性を調査する場合にも，例えば，成績についても，男女別についても，それらの属性に関して母集団の公平な縮図であると期待されるであろう．

上記で説明した抽出の仕方は**非復元抽出**といわれる方法で，1 度選ばれた標本は，次の抽出においては母集団に含まない．したがって，母集団の要素が 1

個少なく，次の標本は厳密にいえば前段階とは異なる母集団から抽出することになる．非復元抽出に対して，選ばれた標本を毎回元に戻して次の標本を抽出する方法がある．それは，**復元抽出**といわれる．復元抽出においては，毎回の抽出は全く同一の母集団からの無作為抽出である．大きさ n の標本としては，非復元抽出による標本も復元抽出による標本もどちらも無作為抽出による標本である．それらの違いは，母集団と標本の関係において異なる考え方が必要とされるという点にある．母集団が非常に大きく，それに比べて標本の大きさが小さいならば，非復元抽出の場合であっても1個抽出する前と後での母集団の変化は微々たるものであるから，実際的には異なる考え方をする必要はなくなるであろう．このことについては第3章で改めて説明する．本章では，復元抽出，非復元抽出の差異を明示的に区別しなければならないところはなく，標本は非常に大きな母集団から無作為に非復元抽出されているものとして話を進める．

1.3　1変数データのまとめ方

1.1節の表1.1のデータは，各個体から5つの項目を調査して得たものである．これらを処理するとき，1つの項目だけをとり出して処理するとき，それを1変数データの処理という．2つの項目を同時にとり出し，それら項目の間の関係を見出すことまでを目的として処理するとき，それを2変数データの処理という．本節では1変数の量的データについて標準的な処理の仕方を学ぶ．

1.3.1　度数分布表・ヒストグラム・相対累積度数折れ線

1.1節の表1.1の，変数3「1週間のうち何日課外学習を受けているか」の回答データは日数を表し，0，1，2，……などの値である．それは計数により得られる．したがって，型分類としては離散型変数，離散型データである．表1.1の120人の回答を分類し表1.2を得た．表の中で使われている度数は，それに該当する人数のことであり，該当する対象の個数を一般的に表すため**度数**という

語が用いられる．全度数に対する該当度数の率を**相対度数**という．**累積度数**は，その分類に至るまでの度数の合計を表す．**相対累積度数**は，累積度数の全度数に対する率である．表 1.2 は**度数分布表**と呼ばれる．度数分布表によりデータの全体的特徴はよく理解されるが，さらに理解を視覚的に確認するために，図 1.2 のように，変数を横軸に，度数あるいは相対度数を縦軸とし棒グラフを描く．この例では，変数のとる値が 0 から 7 までの 8 種類であったので，変数の値 1 つ 1 つを基準にしてデータを分類したが，離散型変数のとりうる値が多い場合は，変数の値 1 つ 1 つを基準にして分類するよりは，値を何個ずつかにグループ化し度数分布表を作るほうがよい場合がある．そのような度数分布表の作成は，次に説明する連続型データの度数分布表の作り方に準じて行われる．

連続型データの全体的特徴を把握するために，データ値の範囲をいくつかに分割し，分割されたそれぞれの小範囲に何度数が含まれるかを調べ，度数分布表を作成する．表 1.1 の 5 つの変数のうち，第 4 番目の 120 人の生徒の模擬テ

表 1.2 「1 週間の課外学習の日数」の度数分布表

日数	度数	相対度数	累積度数	相対累積度数
0	17	0.142	17	0.142
1	20	0.167	37	0.308
2	30	0.250	67	0.558
3	31	0.258	98	0.817
4	13	0.108	111	0.925
5	7	0.058	118	0.983
6	2	0.017	120	1.000
7	0	0.000	120	1.000

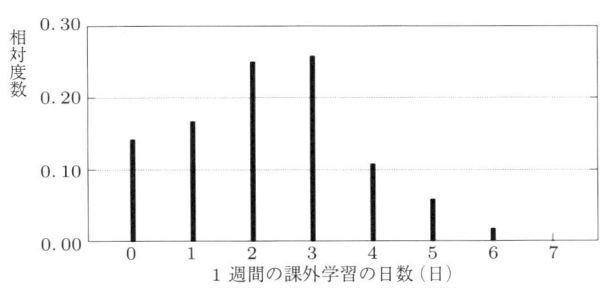

図 1.2 相対度数を縦軸とする棒グラフ

第 1 章　統計データとそのまとめ方

表 1.3　120 人の成績の度数分布表(模擬テスト A の成績)

階　級	階級値	度　数	相対度数	累積度数	相対累積度数
20〜 30	25.0	5	0.042	5	0.042
30〜 40	35.0	11	0.092	16	0.133
40〜 50	45.0	26	0.217	42	0.350
50〜 60	55.0	29	0.242	71	0.592
60〜 70	65.0	22	0.183	93	0.775
70〜 80	75.0	17	0.142	110	0.917
80〜 90	85.0	7	0.058	117	0.975
90〜100	95.0	3	0.025	120	1.000

スト A の成績データの度数分布表は，表 1.3 のとおりであった．度数分布表の作成手順は次のとおりである．

- データの最小値と最大値を含む適当な区間を指定する．例では，最小値は 23 点，最大値は 100 点であった．そこで，20 点から 100 点の範囲を指定した．
- 上で指定した区間をいくつかの同じ幅をもつ小区間に分割する．分割後の各々の小区間は**階級**と呼ばれ，各階級の中央の値は**階級値**と呼ばれる．
- 小区間への分割の個数は，データの全体的特徴を把握するのに適した個数とする．経験的には，8 から 15 程度の間で選ぶのがよいであろう．階級と階級の境界をわかりやすい値とすることも大切である．
- 各々のデータ値がどの階級に属するかを調べ度数の欄を完成させる．階級と階級との境界値と一致するデータ値はどちらの階級に含めるかをあらかじめ決めておく．本書では値の小さい方の階級に含めるとしている．
- 続いて，度数を全度数で割って求める相対度数，度数を次々に積み重ねる累積度数，そして累積度数を全度数で割って求める相対累積度数の欄を完成させる．

度数分布表を視覚化するために**ヒストグラム**と呼ばれるグラフを描く．図 1.3 は度数分布表 1.3 から作成したヒストグラムである．これは，横軸に変数をとり，縦軸には度数あるいは相対度数をとり，矩形状の棒を利用する棒グラフである．図 1.3 では縦軸に相対度数がとられている．縦軸を度数としても，相対度数としても，すべての棒の高さが比例的に変化するだけである．データの全

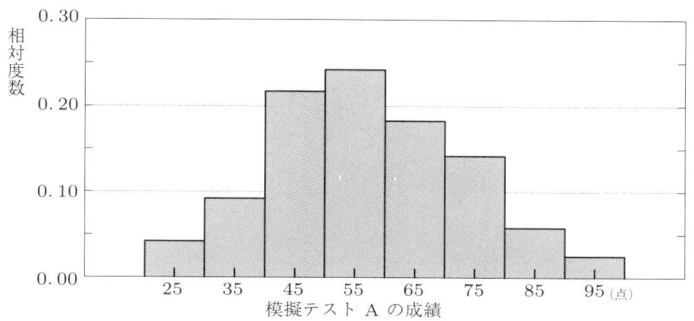
図 1.3　120 人の成績のヒストグラム（模擬テスト A の成績）

体的特徴を表現するということでは，全く同様の働きをもつ．縦軸に度数を用いるか相対度数を用いるかは，利用目的，特にどちらが重要視されるかにより決める．ヒストグラムの縦軸の目盛りとして，度数と相対度数をとることを述べたが，もう 1 つ重要な方法として，ヒストグラムの各棒の高さを比例的に調節し，全面積（網掛けが施されている棒全体の面積）がちょうど 1 となるように描く方法がある．この場合のヒストグラムは，確率の理論との橋渡しの役目をもつものとなる．度数分布表およびヒストグラムにより表されるデータの特徴，すなわち，どのようなデータの値が多く現れるか，またその現れ方はどのようなものかなどの特徴を**分布**という言葉で表す．

次に第 1 四分位数，中央値，第 3 四分位数を**相対累積度数折れ線**を用いて定義する．図 1.4 は度数分布表 1.3 から作成された相対累積度数折れ線である．横軸には模擬テスト A の成績を表す変数，縦軸には相対累積度数をとり，それぞれの階級の大きい方の境界（右側の境界）とその階級の相対累積度数の組を座標にもつ点を順次線分で結んで完成させるグラフである．相対累積度数折れ線を描くときの注意点は次のとおりである．

- 描き始める点は，第 1 番目の階級の小さい方の境界（左側の境界）の値と，相対累積度数 0 とからなる数の組を座標とする点である．図 1.4 では点 (20, 0.00) である．描き終わりの点は，最後の階級の境界で大きい方の値（右側の境界）と，相対累積度数 1.00 とからなる数の組を座標とす

第1章 統計データとそのまとめ方

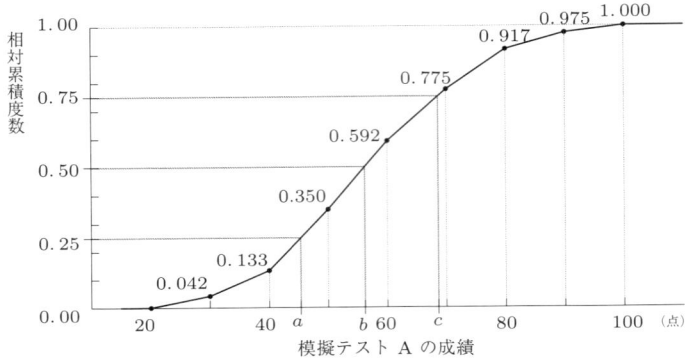

図 1.4　120 人の成績の相対累積度数折れ線（模擬テスト A の成績）

る点である．図 1.4 では点 $(100, 1.00)$ である．

- 階級境界の値のうち，大きい方の境界（右側の境界）の値と，その階級に記録されている相対累積度数の値とからなる組を座標とする点を描く．
- 以上の手続きで描いた，{階級の個数 +1} 個の点を順次線分で結ぶ．
- 度数分布表に含まれない変数の範囲については，小さい方（左側）では折れ線は横軸に一致しているとみなし，大きい方（右側）では一定の高さ 1.00 を保って右の方に伸びているとみなす．

　相対累積度数の値 0.25 は，0.00 から 1.00 までの相対累積度数の全範囲を $1:3$ に分割する値である．相対累積度数折れ線のグラフにおいて，相対累積度数が 0.25 に対応する横軸上の変数の値を**第 1 四分位数**という．第 1 四分位数は，すべてのデータ値を小さいものから順に並べるとき，その並びを $1:3$ に分割する値である．すなわち，全データ値のうち第 1 四分位数より小さいものは 25％，それより大きいものは 75％ であることになる．同様に考えて，相対累積度数折れ線のグラフにおいて，相対累積度数が 0.75 に対応する横軸上の変数の値を**第 3 四分位数**という．また，相対累積度数が 0.50 に対応する横軸上の値を**中央値**という．中央値は，全データ値のうち，それより小さいものは 50％，大きいものも 50％ ある，ということを示す特性値である．図 1.4 において，a, b, c がそれぞれ第 1 四分位数，中央値，第 3 四分位数である．その求め方は，図を

正確に描き，図から読みとることが第 1 に考えられる方法である．計算で求めるときには比例配分の考えを適用する．例として第 1 四分位数を計算により求める．まず，表 1.3 あるいは図 1.4 から，第 1 四分位数は，成績の値では 40 と 50 の間であることおさえる．相対累積度数 0.25 は，成績が 40 と 50 それぞれに対応する相対累積度数の値 0.133 と 0.350 の間を分割している．a は成績 40 と 50 の間をそれと同じ比に分割する値として求めることになる．したがって，

$$a = \{\text{第 1 四分位数を含む階級の左側の境界の値}\} + \{\text{階級の幅}\}$$
$$\times \frac{0.25 - \text{成績 40 に対する相対累積度数}}{\text{成績 50 に対する相対累積度数} - \text{成績 40 に対する相対累積度数}}$$
$$= 40 + 10 \times \frac{0.25 - 0.133}{0.350 - 0.133} = 40 + 10 \times 0.539 = 45.39$$

と計算される．全く同様に考えると，中央値 b と第 3 四分位数 c は次のように計算される．

$$b = 50 + 10 \times \frac{0.50 - 0.350}{0.592 - 0.350} = 56.20$$
$$c = 60 + 10 \times \frac{0.75 - 0.592}{0.775 - 0.592} = 68.63$$

第 1 四分位数はデータを小さい方から並べるとき，順位において 25% の位置にあるデータ値であると解釈される．その意味で 25 パーセンタイルと呼ばれる．同様に，中央値は 50 パーセンタイル，第 3 四分位数は 75 パーセンタイルと呼ばれる．一般に，0 から 1 までの任意の数 α について，相対累積度数折れ線を介して相対累積度数 α に対応する横軸上の変数の値を求めるとき，それは 100α パーセンタイルと呼ばれる．

図 1.3 のヒストグラムは，中央の近辺が最も高く，両すそにかけて低くなっている．また，中央の近辺を通る垂直な直線に関して対称性のある形状であり，いわば西洋の教会にある釣り鐘型の形状である．データの特性により，ヒストグラムが図 1.5 の左図あるいは右図のような，垂直な直線についての対称性に欠ける形状になるものもある．図 1.5 の左のヒストグラムは，左すそが短く右すそが長い．このようなとき右に歪んでいるという．右側のヒストグラムはその逆で，左に歪んでいるという．これらを総称して分布に**歪み**があるという．

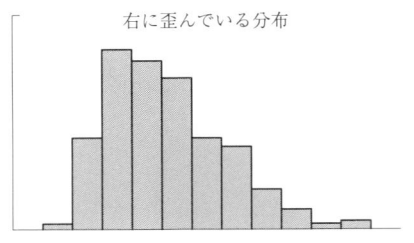 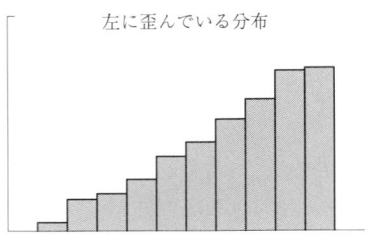

図 1.5 歪みのある分布

1.3.2 代表値

1 変数の量的データを分析する第一段階は,度数分布表を作成し,棒グラフあるいはヒストグラムを描き,標本データの特徴を視覚的に理解することであった.次の段階は,データの特徴を算術的方法により算出される特性値から理解することである.問題とするデータの特徴とは,データの中心的な位置と,広がりの大きさである.前者の特性値としては平均値,中央値,最頻値が代表的であり,後者には分散,標準偏差,範囲,四分位範囲などがある.

変数を x, y などの文字で表す.変数 x で表される項目が話題となっているとする.この項目について母集団から大きさ n の標本をとり出すとき,それら n 個のデータ値を表記するために,x の右下に番号を添え字として付し,$x_1, x_2, \cdots, x_n$ などのように書く.多くの項からなる和を簡潔に,またもれなく記述するために和の記号(シグマ記号:$\sum$)が用いられる.それは次の形で用いられる.

$$\sum_{i=1}^{n} \{i を含む式\} \tag{1.1}$$

(1.1)式の記述において $\{i を含む式\}$ の i は,第 1 章では番号を示す右下添え字として現れる.第 2 章以降では,かけ算の要素,累乗を表す数あるいは他の働きをするものとして現れる.(1.1)式は次のように解釈する.

$\sum$ 記号の上下に記入されている $i=1$ と n を参照し,$\{i を含む式\}$ の i に機械的に 1 から n までの n 個の整数を順次代入し,n 個の式を

書き出しなさい．そしてそれらの和を計算しなさい

このとき大切なことは，i が式の中でどのような働きをしているかに関わらず，素直に代入することである．代入した後でその働きに従って計算あるいは処理を実行する．本書を通じて，$\sum$ 記号は上記のように多くの項から成る和の記述を簡潔にするものとしてだけ利用する．例をあげると，

$$\sum_{i=1}^{n} x_i = x_1 + x_2 + \cdots + x_n$$

$$\sum_{i=1}^{n} (x_i - 5)^2 = (x_1 - 5)^2 + (x_2 - 5)^2 + \cdots + (x_n - 5)^2$$

$$\sum_{i=1}^{n} (x_i^2 + 3x_iy_i - y_i^2) = (x_1^2 + 3x_1y_1 - y_1^2) + (x_2^2 + 3x_2y_2 - y_2^2) \\ + \cdots + (x_n^2 + 3x_ny_n - y_n^2)$$

などである．なお，$\sum_{i=1}^{n}$ という記号も，$\sum_{i=1}^{n}$ と全く同一の意味をもつ記号である．式を読むとき注意が必要であるのは，右下添え字つき文字で表される数量の 2 乗の表し方である．x_i の 2 乗は，誤解が無いように記すならば，$(x_i)^2$ のように適切な場所に括弧を記入すべきであるが，式を簡単にするために，

$$x_i \times x_i = (x_i)^2 \quad \text{は簡単に} \quad x_i^2 \quad \text{と書く}$$

と約束する．a, b, c を定数とするとき，

$$\sum_{i=1}^{n} [a \times \{i \text{を含む式 } A\} + b \times \{i \text{を含む式 } B\}]$$
$$= a \times \sum_{i=1}^{n} \{i \text{を含む式 } A\} + b \times \sum_{i=1}^{n} \{i \text{を含む式 } B\} \qquad (1.2)$$

$$\sum_{i=1}^{n} c = nc \qquad (1.3)$$

が成り立つ．(1.3)式においては $\{i$ を含む式$\}$ が定数 c であり，整数を代入すべき i は無い．代入すべき i が無いときは何も代入せず，同じ項を次々に n 個書き並べ和をとる．したがって，結果は nc となる．

(1) **平均**　母集団から変数 x について大きさ n の標本データ x_1, x_2, $\cdots$, x_n が得られたとする．このとき，それらの算術平均を $\bar{x}$ と表す．標本データ

の平均という意味で特に**標本平均**という．標本平均は母集団の平均との関係において統計学では最も重要な特性値の 1 つである．

$$\overline{x} = \frac{1}{n}(x_1 + x_2 + \cdots + x_n) = \frac{1}{n}\left(\sum_{i=1}^{n} x_i\right) \tag{1.4}$$

表 1.4 度数分布表

階級値	度数
x_1	f_1
x_2	f_2
$\vdots$	$\vdots$
x_k	f_k
度数計	n

(1.4)式の右端の辺は通常は括弧を用いず $\frac{1}{n}\sum_{i=1}^{n} x_i$ と表される．その場合も括弧はあるものとして理解する．また各種記号は，共通理解がある場合，誤解の恐れがない範囲で，可能な限り省略することが行われる．例えば，$(x_1 + x_2 + \cdots + x_n)$ は単に $\sum x$ と記されることもある．

収集した標本データそのものではなく，表 1.4 のような度数分布表に分類された資料から標本平均の値を知りたい場合がある．そのときは，階級値と各階級の度数を用いて計算する方法がとられる．

$$\overline{x} = \frac{1}{n}(x_1 f_1 + x_2 f_2 + \cdots + x_k f_k) = \frac{1}{n}\sum_{i=1}^{k} x_i f_i \tag{1.5}$$

ここで，n は全度数

$$n = f_1 + f_2 + \cdots + f_k = \sum_{i=1}^{k} f_i$$

である．(1.5)式は各階級に含まれるデータ値はすべて階級値に等しいとして平均を計算する公式である．各階級に含まれる実際のデータ値には，階級値より小さいものも大きいものもランダムに含まれる．そのため，結果は標本データそのものから算出される標本平均と大差のない値が得られると期待される．例として度数分布表 1.3 から 120 人の模擬テスト A の成績の平均点を計算すると，

$$\overline{x} = \frac{1}{120}(25.0 \times 5 + 35.0 \times 11 + 45.0 \times 26 + 55.0 \times 29 + 65.0 \times 22 \\ + 75.0 \times 17 + 85.0 \times 7 + 95.0 \times 3) = \frac{6860.0}{120} = 57.17 \quad (1.6)$$

である．一方，度数分布表に分類される前のもとの標本データから(1.4)式により計算された標本平均の値は 57.74 であった．

(2) **中央値**　標本データを小さい方から順に並べるとき，順位的にちょうど中央にくる値を**中央値**あるいは**メディアン**という．標本の大きさ n が奇数のときは，中央の順位は $(n+1)/2$ としてただ 1 つ決まるので，その順位にあるデータ値を中央値とする．n が偶数のときは中央の順位は，$n/2$ と $(n/2)+1$ の 2 つがあるので，それらの順位にある 2 つのデータ値の真ん中の値（それら 2 つの値の和を 2 で割った値）を中央値とする．1.3.1 項で，相対累積度数折れ線を利用して中央値を定義した．同じ標本データに対して 2 つの方法で求める中央値は必ずしも一致しないが，標本データを大きさの順に並べて 50% と 50% に分ける値であるという意味では，2 つの中央値は同じ働きをする特性値である．標本データそのものを参照できるときは本項の方法により中央値を求め，度数分布表しか利用できないときは 1.3.1 項の方法を用いるのがよいであろう．中央値は異常に大きな値，あるいは異常に小さな値がデータに含まれる可能性のある場合に，中心の位置を示す特性値として利用される．なぜなら平均値はそのような異常な値の影響を受けやすいからである．

(3) **最頻値**　最も多くデータの値が集中しているところがあるとき，その値を**最頻値**あるいは**モード**という．例えば，衣料品店，靴店で統計をとってみると，最もよく売れるサイズがあるであろう．そのサイズは最頻値の例である．最頻値は，連続型データに対しては正確に定義することが難しいが，適切に度数分布表を作成するとき最も度数の大きい階級の階級値を指す．度数分布表 1.3 においては 55 点が最頻値である．

以上 3 種類の代表値をあげたが，データの中心の位置を調べ，同時に変動の大きさを調べることを目的とするという点を考えるとき，次項で説明する散らばりの尺度と組み合わせて解析される標本平均が最も多く繰り返し議論される．また標本平均は，母集団の平均との関係が非常に詳しく研究されており，母集団の特性との関係においても詳しく議論される．中央値は，それより小さい値が 50% あり，それより大きい値が 50% あると主張する根拠となる特性値である．確率的にいうと，それより小さい値が出現する確率は 0.5，それよりも大きい値が出現する確率 0.5 との主張の根拠となる特性値である．そのような確

率的性質が利用され，中央値に関する統計的方法が展開されている．

1.3.3 散らばりの尺度

(1) **分散と標準偏差** 大きさ n の標本 $x_1, x_2, \cdots, x_n$ を得たとし，標本平均を $\overline{x}$ とする．標本から標本平均を引いた値 $x_i - \overline{x}$ を x_i の**偏差**という．標本データの散らばりの大きさを代表的に示す特性値を考えたい．そのために偏差を総合するということが考えられるが，単純に偏差の総和をとると答えは必ず 0 となる．なぜなら，

$$\begin{aligned}\sum_{i=1}^{n}(x_i - \overline{x}) &= (x_1 - \overline{x}) + (x_2 - \overline{x}) + \cdots + (x_n - \overline{x}) \\ &= (x_1 + x_2 + \cdots + x_n) - n\overline{x} \\ &= (x_1 + x_2 + \cdots + x_n) - n\frac{1}{n}(x_1 + x_2 + \cdots + x_n) \\ &= (x_1 + x_2 + \cdots + x_n) - (x_1 + x_2 + \cdots + x_n) = 0\end{aligned}$$

となるからである．つまり，偏差の総和を用いて標本データの特性値を導くことはできない．そこで偏差の平方すべての和，

$$S = \sum_{i=1}^{n}(x_i - \overline{x})^2 = (x_1 - \overline{x})^2 + (x_2 - \overline{x})^2 + \cdots + (x_n - \overline{x})^2 \quad (1.7)$$

を考える．(1.7)式の S は**偏差平方和**と呼ばれる．S を n で割った値は**分散**といわれ，$\tilde{s}^2$ と表す．すなわち，分散は偏差の平方の平均の値である．

$$\tilde{s}^2 = \frac{S}{n} = \frac{1}{n}\sum_{i=1}^{n}(x_i - \overline{x})^2 \quad (1.8)$$

そして分散の正の平方根を**標準偏差**といい，$\tilde{s}$ と表す．

$$\tilde{s} = \sqrt{\tilde{s}^2} \quad (1.9)$$

偏差平方和 S を標本の大きさ n より 1 だけ小さい値 $n-1$ で割る式も用いられる．それを**標本分散**といい，次の(1.10)式のとおり s^2 と表わす．

$$s^2 = \frac{S}{n-1} = \frac{1}{n-1}\sum_{i=1}^{n}(x_i - \overline{x})^2 \quad (1.10)$$

そして標本分散の正の平方根を**標本標準偏差**といい，s と表わす．

$$s = \sqrt{s^2} \tag{1.11}$$

分散と標準偏差は，母集団が有限個の要素からなり，全数調査がなされたとき，母集団の特性値として用いられる．標本の特性値から母集団の特性値を推測するときには，分散，標準偏差と標本分散，標本標準偏差は理論と目的により使い分けられる．本書では標本分散，標本標準偏差を主として用いる．

偏差平方和の式(1.7)は次のように変形される．変形後の式は偏差平方和を簡便に計算するために利用される．この種の式変形は統計学では頻繁に現れるが，それらの中で最も基本的式変形である．

$$\begin{aligned} S &= \sum_{i=1}^{n}(x_i - \overline{x})^2 = \sum_{i=1}^{n}(x_i^2 - 2x_i\overline{x} + \overline{x}^2) \\ &= \sum_{i=1}^{n} x_i^2 - 2\overline{x}\sum_{i=1}^{n} x_i + \sum_{i=1}^{n}\overline{x}^2 = \sum_{i=1}^{n} x_i^2 - 2\overline{x}(n\overline{x}) + n\overline{x}^2 \\ &= \sum_{i=1}^{n} x_i^2 - n\overline{x}^2 \end{aligned} \tag{1.12}$$

(1.12)式を用いると，(1.8)式と(1.10)式は次のように表される．

$$\tilde{s}^2 = \frac{1}{n}\left(\sum_{i=1}^{n} x_i^2 - n\overline{x}^2\right) \tag{1.13}$$

$$s^2 = \frac{1}{n-1}\left(\sum_{i=1}^{n} x_i^2 - n\overline{x}^2\right) \tag{1.14}$$

(1.13)式と(1.14)式に $\overline{x}$ の定義式(1.4)を代入し，次のような記号の簡略化，

$$\sum_{i=1}^{n} x_i^2 = \sum x^2, \qquad \sum_{i=1}^{n} x_i = \sum x$$

を用いて $\tilde{s}^2$ と s^2 を整頓すると，

$$\tilde{s}^2 = \frac{1}{n}\left\{\sum x^2 - \frac{1}{n}\left(\sum x\right)^2\right\} \tag{1.15}$$

$$s^2 = \frac{1}{n-1}\left\{\sum x^2 - \frac{1}{n}\left(\sum x\right)^2\right\} \tag{1.16}$$

と表される．S, s^2, s などの記号について，特に変数 x についての偏差平方和，標本分散，標本標準偏差であることを明記する場合は，それぞれ S_{xx}, s_x^2, s_x のように表す．

例をあげて標本標準偏差の意味を考える．いま，大きさ 15 の次の 2 組の標本データが与えられているとする．

第 1 のデータ (x)；35, 24, 25, 34, 43, 27, 21, 32, 29, 37, 31, 28, 27, 30, 23.

第 2 のデータ (y)；44, 30, 48, 15, 28, 38, 14, 33, 28, 12, 17, 31, 27, 47, 21.

それぞれの組のデータは数直線上では図 1.6 のように配置される．図 1.6 からは，第 2 のデータの広がりの方が第 1 のデータのそれより大きいということが明らかに観察される．それを数値的に比較するためにそれぞれの標本標準偏差を算出する．第 1 のデータ (x)，第 2 のデータ (y) のデータ和とデータの平方の和はそれぞれ，

$$\sum x = 446, \quad \sum x^2 = 13738, \quad \sum y = 433, \quad \sum y^2 = 14435$$

である．(1.4)式および(1.16)式により，それぞれのデータの標本平均 $\bar{x}$, $\bar{y}$, 標本分散 s_x^2, s_y^2, 標本標準偏差 s_x, s_y の値は，

$$\bar{x} = \frac{446}{15} = 29.73, \quad \bar{y} = \frac{433}{15} = 28.87$$

$$s_x^2 = \frac{1}{15-1}(13738 - 446^2/15) = 34.07, \quad s_x = \sqrt{34.07} = 5.84$$

$$s_y^2 = \frac{1}{15-1}(14435 - 433^2/15) = 138.27, \quad s_y = \sqrt{138.27} = 11.76$$

となる．標本平均の値は両データについてほぼ等しいが，標本標準偏差につい

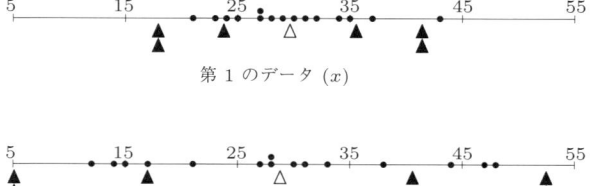

図 1.6　2 組のデータの数直線上での配置

ては，第 2 のデータが第 1 のデータの約 2 倍の値をもっている．このことは，図 1.6 から視覚的に得られる両データの広がりの程度の違いと符合するといえる．このように標本標準偏差はデータの広がりの度合い示す特性値である．

次に，図 1.6 の第 1 のデータの数直線上で，$\bar{x} = 29.73(\triangle)$，$\bar{x} - s_x = 29.73 - 5.84 = 23.89(\blacktriangle)$，$\bar{x} + s_x = 29.73 + 5.84 = 35.57(\blacktriangle)$，$\bar{x} - 2s_x = 29.73 - 2 \times 5.84 = 18.05(\blacktriangle)$，$\bar{x} + 2s_x = 29.73 + 2 \times 5.84 = 41.41(\blacktriangle)$ に対応する位置をそれぞれ括弧内の記号を使って示す．同様にして，第 2 のデータの数直線上で，$\bar{y} = 28.87(\triangle)$，$\bar{y} - s_y = 28.87 - 11.76 = 17.11(\blacktriangle)$，$\bar{y} + s_y = 28.87 + 11.76 = 40.63(\blacktriangle)$，$\bar{y} - 2s_y = 28.87 - 2 \times 11.76 = 5.35(\blacktriangle)$，$\bar{y} + 2s_y = 28.87 + 2 \times 11.76 = 52.39(\blacktriangle)$ に対応する位置をそれぞれ括弧内の記号を使って記入する．2 つの ▲ で挟まれる範囲は，標本平均を中心とした標本標準偏差の ±1 倍の範囲，2 つの▲で挟まれる範囲は，同じく標本標準偏差の ±2 倍の範囲として参照される．

このようにデータ値そのもので範囲をいうのではなく，標本平均を基準として標本標準偏差は広がりの単位として参照されることが多い．それは，統計学で最も重要な正規分布といわれる分布においては，平均を中心として標準偏差の ±1 倍の範囲には約 68% のデータが含まれ，±2 倍の範囲には約 95% のデータが含まれるという理論があるからである．図 1.6 の第 1 のデータにおいては，標本平均を中心として標本標準偏差の ±1 倍の範囲には，15 個のデータのうち 11 個，百分率では 73% が含まれており，±2 倍の範囲には 14 個，率にして 93% が含まれる．第 2 のデータについてはそれぞれの範囲に，53%，100% が含まれている．第 1，第 2 のデータが正規分布に従うデータかどうかは不明であるので，結果が理論に合致しているかそうでないかをいうことはできない．そのような場合でも，分布について不明であることを前提の上で，何らかの共通理解のある言葉として用いられる．なお，正規分布については第 2 章で学ぶ．

データが度数分布表に分類されて，もとのデータ値が参照できない場合，標本平均算出の手続きと同様に，1 つの階級に属するデータはすべてその階級値に等しいとして標本分散と標本標準偏差を計算する．度数分布表 1.4 の標本分散は次の (1.17) 式により計算される．ここで，$\bar{x}$ は度数分布表 1.4 から (1.5) 式

により計算される標本平均である．

$$s^2 = \frac{1}{n-1}\sum_{i=1}^{k}(x_i-\overline{x})^2 f_i \tag{1.17}$$

標本標準偏差は標本分散の正の平方根である．記号を簡略化して，

$$\sum_{i=1}^{k} x_i f_i = \sum xf , \quad \sum_{i=1}^{k} x_i^2 f_i = \sum x^2 f$$

と表すとき，(1.17)式は次のように変形される．

$$s^2 = \frac{1}{n-1}\left\{\sum x^2 f - n\overline{x}^2\right\} = \frac{1}{n-1}\left\{\sum x^2 f - \frac{(\sum xf)^2}{n}\right\} \tag{1.18}$$

度数分布表 1.3 から 120 人の生徒の成績の標本分散と標本標準偏差は，

$$\sum xf = 6860 , \quad \sum x^2 f = 423200$$

を (1.18) 式に代入して，

$$s_x^2 = \frac{1}{120-1}\left\{423200 - \frac{6860^2}{120}\right\} = 260.81 , \quad s_x = 16.15$$

と計算できる．(1.6)式における $\overline{x}$ の計算結果の値を合わせると，

$$\overline{x} - 2s_x = 24.87, \quad \overline{x} - s_x = 41.02, \quad \overline{x} = 57.17$$
$$\overline{x} + s_x = 73.32, \quad \overline{x} + 2s_x = 89.47$$

が得られる．図 1.7 には，図 1.3 を再掲し，$\overline{x}(\triangle)$，$\overline{x} \pm s_x(\blacktriangle)$，$\overline{x} \pm 2s_x(\blacktriangle)$ を記した．標本平均を中心とした標本標準偏差の ±1 倍の範囲に含まれる度数の率を求めるために，各階級に含まれるデータはその階級の中で等しい間隔で並んでいると仮定する．そのように仮定すると，その範囲のヒストグラムの面積が全面積に対してどれほどの率を占めているかを見ればよいことになる．図 1.7 のヒストグラムの全面積は容易に計算でき，

$$\text{ヒストグラムの全面積} = 10$$

である．2 つの ▲ の間にある網掛けの最も濃い部分の面積は，

$$0.217 \times 8.98 + (0.242 + 0.183) \times 10 + 0.142 \times 3.32 = 6.67$$

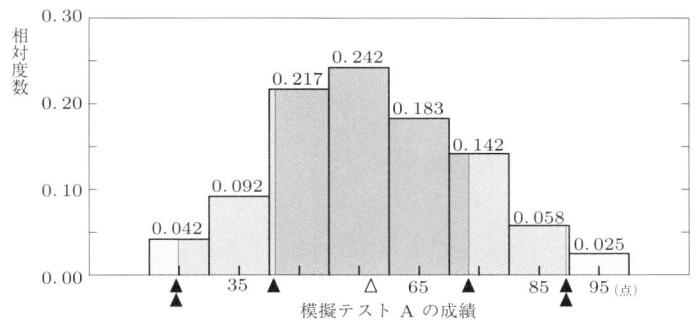

図 1.7　図 1.3 に $\bar{x}$, $\bar{x} \pm s_x$, $\bar{x} \pm 2s_x$ の位置を記入

である．したがって，標本平均を中心として標本標準偏差の ± 1 倍の範囲には，全度数のうちの $6.67/10 = 0.667 (66.7\%)$ が含まれていると判断される．次に，2 つの▲の間にある網掛けの最も濃い部分と，つぎに濃い部分の面積の和は，

$$0.042 \times 5.13 + (0.092 + 0.217 + 0.242 + 0.183 + 0.142) \times 10 + 0.058 \times 9.47$$
$$= 9.52$$

である．したがって，標本平均を中心として標本標準偏差の ± 2 倍の範囲には，全度数のうちの $9.52/10 = 0.952 (95.2\%)$ が含まれると判断される．

(2) **範囲，四分位範囲**　データの最大値から最小値を引いた値を**範囲**という．また，第 3 四分位数から第 1 四分位数を引いた値を**四分位範囲**という．

範囲 = 最大値 − 最小値,

四分位範囲 = 第 3 四分位数 − 第 1 四分位数.

範囲はすべてのデータ値がどれだけの幅に収まっているかを表し，四分位範囲は，全データのうち中央にある 50% のデータがどれだけの幅に収まっているかを示す特性値である．範囲は異常に小さな値あるいは異常に大きな値の影響を受けるが，四分位範囲は異常な値を除外してデータ値の主要部分を見るときに用いられる．

1.4　2変数データのまとめ方

各々の個体から 2 種類の項目についてデータを収集したとき，それを 2 変数のデータという．例えば，学生の成績について，中間試験と期末試験の成績を調査した，体力測定で 50 メートル走のタイムとボール投げの記録をとったなどである．このようなとき，それぞれのデータを 1 変数データとして処理することに加えて，中間試験と期末試験の成績の関係はどうか，50 メートル走のタイムとボール投げの距離の関係はどうか，など 2 変数の間の関係が問題になる．本節では特に線形的関係といわれる関係に注目する．線形的関係とは，片方の変数のデータ値が大きくなると，もう片方の変数のデータ値も大きくなる傾向があるのか，あるいはその逆かというところに現れる関係である．そのような関係の強さの程度を相関係数という特性値から捉える．

例えば，ある地域における土地つき中古住宅の価格を考えるとき，土地の広さは価格を決める重要な要因であろう．このようなとき，土地の広さがどのように価格に影響を与えているかをみるために，いくつかの物件を調査し収集したデータをもとに回帰直線といわれる直線を求める．そして回帰直線は，データと照合されて，要因としての特性が調べられる．本節では相関係数と回帰直線について学ぶ．

1.4.1　散布図と相関係数

(1)**相関係数とその性質**　表 1.5 は 30 人の生徒の模擬テスト A の成績(x)と模擬テスト B の成績(y)の一覧表である．ここでは，模擬テスト A, B の成績のように 2 変数のデータについて，それらの間に線形相関といわれる関係があるか，もしあるとすればその強さはどの程度であるかということを調べ，記述する方法を学ぶ．表 1.5 の模擬テスト A, B の 30 人の成績について，1 変数データとしての標本平均，標本分散，標本標準偏差の値は次のとおりである．

$$\bar{x} = 53.90, \quad s_x^2 = 247.47, \quad s_x = 15.73 \qquad (1.19)$$

表 1.5　30 人の生徒の模擬テスト A の成績と模擬テスト B の成績

番号	x	y	番号	x	y	番号	x	y
1	61	50	11	76	81	21	51	64
2	50	49	12	65	64	22	42	59
3	71	75	13	64	71	23	37	48
4	39	41	14	65	75	24	64	70
5	73	82	15	72	52	25	62	52
6	48	82	16	45	65	26	58	67
7	60	58	17	49	45	27	25	52
8	62	63	18	80	89	28	40	46
9	24	40	19	36	57	29	30	48
10	53	55	20	76	86	30	39	52

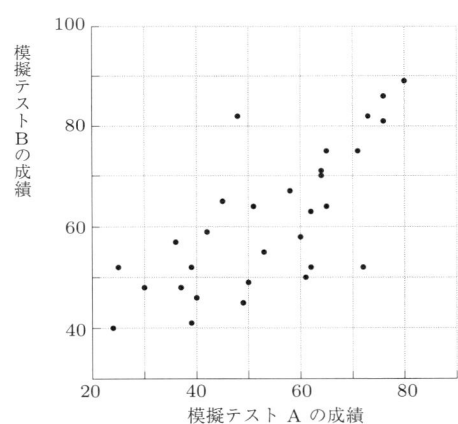

図 1.8　模擬テスト A と模擬テスト B の成績の散布図(30 人)

$$\overline{y} = 61.27, \quad s_y^2 = 194.82, \quad s_y = 13.96 \qquad (1.20)$$

2 変数の関係を視覚的に理解するために**散布図**と呼ばれる図を描く．散布図は，2 変数の値をそれぞれ横軸座標，縦軸座標として，平面上にその数値の組を座標とする点を描いたものである．図 1.8 は表 1.5 の 30 人の成績データを，横軸を模擬テスト A，縦軸を模擬テスト B の成績とし，各人の成績の組を座標とする点を記入した散布図である．

図 1.8 から，テスト A の成績のよい生徒はテスト B の成績もよく，テスト

Aの成績の芳しくない生徒は，概ねテストBの成績もよくないことが読みとれる．逆にテストBの方からも同じことがいえる．点の全体的な配置は右上がりの傾向にあり，その上がり方も，あまりはっきりとはいえないが，直線的のようである．2変数の間に，一方が大きくなれば他方も大きくなる傾向がある，あるいは一方が大きくなれば他方は小さくなる傾向があるというような関係が察知され，しかも散布図上でデータを表す点が直線的な傾向を示しているとき，2変数には**線形相関**の関係があるという．一方の変数が大きくなれば他方の変数も大きくなる傾向があるとき，**正の相関関係**があるという．また，一方の変数が大きくなるとき他方の変数の値は小さくなるという関係にあるとき，それら2つの変数には**負の相関関係**があるという．この表1.5のデータには正の相関関係があるといえる．

表 1.6　2変数のデータ

番号	x	y
1	x_1	y_1
2	x_2	y_2
$\vdots$	$\vdots$	$\vdots$
i	x_i	y_i
$\vdots$	$\vdots$	$\vdots$
n	x_n	y_n
標本平均	$\overline{x}$	$\overline{y}$

散布図から2変数に線形相関の関係があると判断したなら，その関係の強さがどの程度かを表すために**相関係数**と呼ばれる特性値を算出する．相関係数は r を使って表される．特に，変数 x と y の相関係数というように変数を明示する必要があるときは r_{xy} と表す．いま，表1.6にあるように，2変数 x, y について大きさ n の標本データが得られているとする．次の(1.21)式により算出される値 c_{xy} を，x と y の**標本共分散**という．

$$c_{xy} = \frac{1}{n-1} \sum_{i=1}^{n} (x_i - \overline{x})(y_i - \overline{y}) \qquad (1.21)$$

標本共分散を用いて相関係数 r_{xy} は次式(1.22)により定義される．

$$r_{xy} = \frac{c_{xy}}{s_x s_y} \qquad (1.22)$$

ここで，s_x, s_y はそれぞれ x データ，y データの標本標準偏差である．

相関係数の定義式の説明は後に行い，表1.5のデータについて相関係数を算出する．標本共分散の値は(1.19)，(1.20)の結果を利用し，(1.21)式により，

$$c_{xy} = \frac{1}{30-1}\{(61-53.90)(50-61.27) + (50-53.90)(49-61.27)$$
$$+ \cdots + (39-53.90)(52-61.27)\} = \frac{1}{29} \times 4571.80 = 157.65$$

と計算できる．したがって，相関係数は定義式 (1.22) 式から，

$$r_{xy} = \frac{c_{xy}}{s_x s_y} = \frac{157.65}{15.73 \times 13.96} = 0.72$$

となる．散布図を描き相関係数を計算することを何度か繰り返すうちに，散布図を見ることにより相関係数の大きさを予想できるようになると思われる．

ここで相関係数の性質をまとめる．まず，相関係数 r の値の範囲には次の性質 (1.23) があることを証明無しにあげておく．

$$-1 \leqq r \leqq 1 \tag{1.23}$$

相関係数と散布図の形状の関係は図 1.9 のようにまとめられる．次は図 1.9 の補足説明である．

- $r=-1$ のとき，**負の完全相関**という．このとき，散布図上の点はすべて傾きが負のある直線上にある．

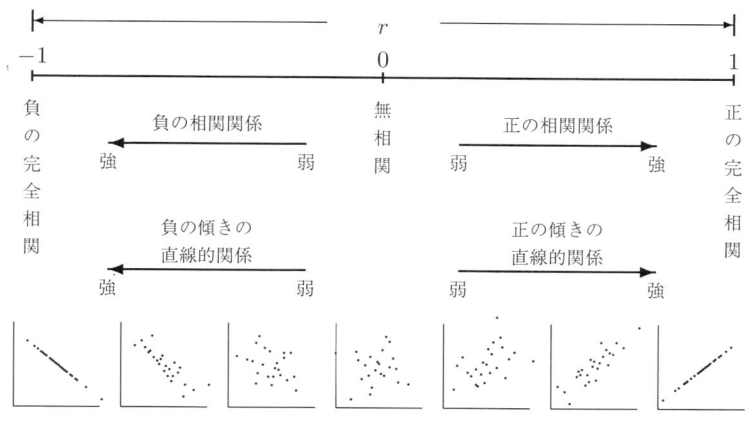

図 **1.9** 相関係数の性質，散布図との関係

第 1 章 統計データとそのまとめ方

- $r=0$ のとき，**無相関**という．
- $r=1$ のとき，**正の完全相関**という．このとき，散布図上の点はすべて傾きが正のある直線上にある．
- $-1<r<0$ のときは負の相関関係である．散布図上の点は，rの値が -1 に近づくにしたがって右下がりの傾向を示すようになり，また強く直線的傾向を示すようになる．負の相関関係が強くなるという．
- $0<r<1$ のときは正の相関関係である．散布図上の点は，rの値が 1 に近づくにしたがって右上がりの傾向を示すようになり，また強く直線的傾向を示すようになる．正の相関関係が強くなるという．

図 1.10 には，異なる形状の散布図とそれについての相関係数の値が示されている．(a) から (e) までの散布図とその相関係数は図 1.9 の説明に合うが，(f) については注意が必要である．散布図からは 2 つの変数の間には放物線で表されるような非常に強い関係を読みとることができる．しかし，相関係数はほぼ 0 である．この例からわかるように，相関係数は直線的な関係の強弱には忠実に反

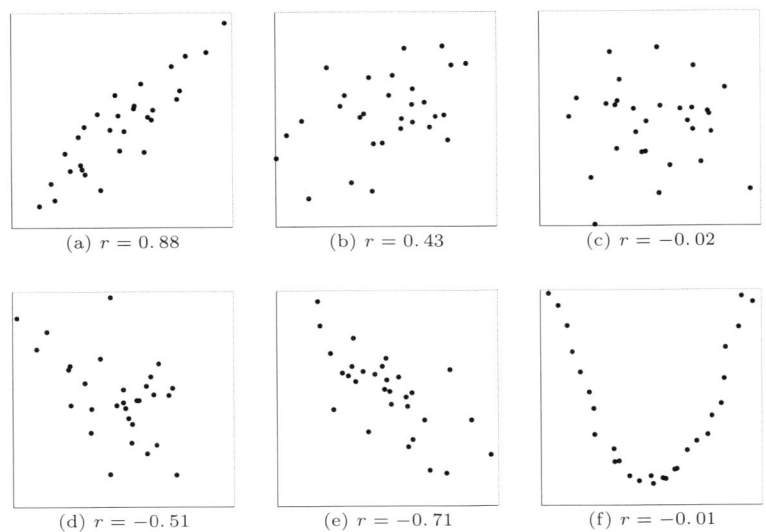

図 **1.10** 散布図の形状と相関係数の大きさ

応するが，曲線的な関係に対しては有効ではない．相関係数が 0 に近い（無相関）からといって，2 つの変数に関係がないと判断するのは早計である．常に散布図を描いて観察する必要がある．

(2) 相関係数の算出式　相関係数の定義式(1.22)について説明する．表 1.6 の変数 x, y に対して新しい変数 u, v を次式により定義する．

$$u = \frac{x - \overline{x}}{s_x}, \quad v = \frac{y - \overline{y}}{s_y} \tag{1.24}$$

(1.24)式の x, y にそれぞれのデータ値を代入すると，新たな 2 変数のデータ，

$$u_i = \frac{x_i - \overline{x}}{s_x}, \quad v_i = \frac{y_i - \overline{y}}{s_y} \quad (i = 1, 2, \cdots, n)$$

が得られる．このとき，u_1, u_2, $\cdots$, u_n の標本平均は 0，標本標準偏差は 1 であることは容易にわかる．v_1, v_2, $\cdots$, v_n についても全く同様である．そして，相関係数の定義式(1.22)について，

$$r_{xy} = \frac{c_{xy}}{s_x s_y} = \frac{1}{n-1} \sum_{i=1}^{n} u_i v_i \tag{1.25}$$

であることは標本共分散 c_{xy} の定義式(1.21)から明らかである．

表 1.5 のデータから(1.19)，(1.20)を利用して u_i, v_i を計算すると表 1.7 が得られる．例えば番号 1 のデータについての計算は，

$$u_1 = \frac{x_1 - \overline{x}}{s_x} = \frac{61 - 53.90}{15.73} = 0.45,$$
$$v_1 = \frac{y_1 - \overline{y}}{s_y} = \frac{50 - 61.27}{13.96} = -0.81$$

となる．図 1.11 は，表 1.7 の u, v データの散布図である．(1.25)式によれば，相関係数は u_i と v_i の積すべての和を $n-1$ で割った値である．すなわち，$u_i v_i$ $(i = 1, 2\ldots, n)$ の平均に近い値である．u_i と v_i の積は，(u_i, v_i) を座標とする点が，図 1.11 において網掛けが施されている第 1 象限あるいは第 3 象限にあれば正となり，網掛けのない第 2 象限あるいは第 4 象限にあれば負となる．したがって，点が網掛けの部分に多くあれば相関係数の値は正の値として大き

第 1 章 統計データとそのまとめ方

表 1.7 表 1.5 の x, y のデータを (1.24) 式により u, v に変換

番号	u	v	番号	u	v	番号	u	v
1	0.45	−0.81	11	1.40	1.41	21	−0.18	0.20
2	−0.25	−0.88	12	0.71	0.20	22	−0.76	−0.16
3	1.09	0.98	13	0.64	0.70	23	−1.07	−0.95
4	−0.95	−1.45	14	0.71	0.98	24	0.64	0.63
5	1.21	1.48	15	1.15	−0.66	25	0.51	−0.66
6	−0.38	1.48	16	−0.57	0.27	26	0.26	0.41
7	0.39	−0.23	17	−0.31	−1.17	27	−1.84	−0.66
8	0.51	0.12	18	1.66	1.99	28	−0.88	−1.09
9	−1.90	−1.52	19	−1.14	−0.31	29	−1.52	−0.95
10	−0.06	−0.45	20	1.40	1.77	30	−0.95	−0.66

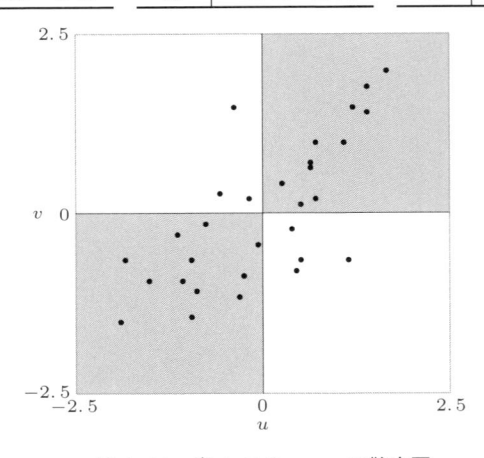

図 1.11 表 1.7 の u, v の散布図

くなり，点の配置の傾向も右上がりとなる．点が網掛けの無い部分に多くあれば相関係数は負の値となり，点の配置の傾向も右下がりとなる．図 1.11 の散布図では，30 個の点のうち 23 個は網掛け部分にあり，網掛けの無い部分にあるのは 7 個である．点の多くが網掛けの部分にあるため，相関係数は正の値で大きくなっている．相関係数は散布図の点の配置をこのように反映するものである．

相関係数の計算に関係する式の説明に移る．標本共分散の定義式 (1.21) の分子にある式 $\sum_{i=1}^{n}(x_i-\overline{x})(y_i-\overline{y})$ は**偏差積和**と呼ばれる．偏差積和を S_{xy} と表す．S_{xy} の値を簡便に計算する方法を導くために次のように式変形を行う．

$$S_{xy} = \sum_{i=1}^{n}(x_i - \overline{x})(y_i - \overline{y}) = \sum_{i=1}^{n}(x_i y_i - x_i \overline{y} - y_i \overline{x} + \overline{x}\,\overline{y})$$

$$= \sum_{i=1}^{n} x_i y_i - \overline{y}\sum_{i=1}^{n} x_i - \overline{x}\sum_{i=1}^{n} y_i + n\overline{x}\,\overline{y}$$

$$= \sum_{i=1}^{n} x_i y_i - \overline{y}(n\overline{x}) - \overline{x}(n\overline{y}) + n\overline{x}\,\overline{y}$$

$$= \sum_{i=1}^{n} x_i y_i - n\overline{x}\,\overline{y} \tag{1.26}$$

(1.14)式より得られる x, y の標本標準偏差の式

$$s_x = \sqrt{\frac{1}{n-1}\left\{\sum_{i=1}^{n} x_i^2 - n\overline{x}^2\right\}}, \quad s_y = \sqrt{\frac{1}{n-1}\left\{\sum_{i=1}^{n} y_i^2 - n\overline{y}^2\right\}}$$

と, (1.26)式を $n-1$ で割った式を(1.22)式に代入し整頓すると,

$$r_{xy} = \frac{\sum_{i=1}^{n} x_i y_i - n\overline{x}\,\overline{y}}{\sqrt{\sum_{i=1}^{n} x_i^2 - n\overline{x}^2}\sqrt{\sum_{i=1}^{n} y_i^2 - n\overline{y}^2}} \tag{1.27}$$

となる. さらに, $\sum_{i=1}^{n} x_i = \sum x$, $\sum_{i=1}^{n} y_i = \sum y$, $\sum_{i=1}^{n} x_i^2 = \sum x^2$, $\sum_{i=1}^{n} y_i^2 = \sum y^2$, $\sum_{i=1}^{n} x_i y_i = \sum xy$ と簡略化して表すとき, (1.27)式は次のように表される.

$$r_{xy} = \frac{n\sum xy - (\sum x)(\sum y)}{\sqrt{n\sum x^2 - (\sum x)^2}\sqrt{n\sum y^2 - (\sum y)^2}} \tag{1.28}$$

再び 30 人の生徒の模擬テスト A の成績と模擬テスト B の成績の表 1.5 について, $\sum x = 1617$, $\sum x^2 = 94333$, $\sum y = 1838$, $\sum y^2 = 118258$, $\sum xy = 103640$ と計算する. これらを(1.28)式に代入し,

$$r_{xy} = \frac{30 \times 103640 - 1617 \times 1838}{\sqrt{30 \times 94333 - 1617^2}\sqrt{30 \times 118258 - 1838^2}} = 0.72$$

を得る.

例 1.1　次に示す数値の組は，ある母集団から大きさ 15 の標本をとり出し，2 項目 (x, y) を調査して得たデータである．散布図を描き，x, y の間の関係を見，次に相関係数 r_{xy} を求めよう．

x	14 15 19 23 24 17 15 27 20 22 18 13 27 22 11
y	30 31 25 23 25 33 25 23 27 24 23 24 26 18 28

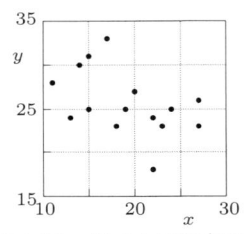

図 1.12　例 1.1 の散布図

散布図の形状には，全体としては右下がりの傾向が見られる．しかしあまり強いものではないようである．x と y には弱い負の相関関係があると読める．

$$\sum x = 287, \quad \sum x^2 = 5841,$$
$$\sum y = 385, \quad \sum y^2 = 10077, \quad \sum xy = 7246$$

$$r_{xy} = \frac{15 \times 7246 - 287 \times 385}{\sqrt{15 \times 5841 - 287^2}\sqrt{15 \times 10077 - 385^2}} = -0.46$$

次に気づくのは，左上隅の 4 点が右上がりにほぼ 1 直線上に並んでおり，他とは少し離れて点在していると見えることである．2 つの異なる集団からの標本が混在しているのではないかとも疑われる．このような情報も読みとれるが，その正否を判断するには，データの源泉である母集団をよく調べてみる必要がある．

1.4.2　回帰直線

ある都市において，中古住宅の価格とその住宅の土地の広さについて 23 の物件が調査された．表 1.8 はその調査結果のデータである．図 1.13 は横軸に土地の広さ，縦軸に価格をとり，調査結果を散布図に表したものである．散布図の形状は，土地の広さと価格との間に直線的な関係があることを予想させるものである．それは，土地の広さがわかれば，中古住宅の価格もおおよそ見当がつくのではないかと思われるものである．しかし，土地の広さが 250 m² ある

1.4 2変数データのまとめ方

表 1.8 土地の広さと中古住宅の価格

番号	土地面積 $x(\mathrm{m}^2)$	中古住宅価格 y(百万円)	番号	土地面積 $x(\mathrm{m}^2)$	中古住宅価格 y(百万円)
1	98.4	49.6	13	87.2	24.8
2	379.8	119.0	14	139.6	36.0
3	58.6	14.0	15	172.6	27.4
4	61.5	15.0	16	151.9	59.6
5	99.6	19.6	17	179.5	35.6
6	76.2	27.0	18	50.0	11.0
7	115.7	29.8	19	105.0	17.4
8	165.0	54.0	20	132.0	20.6
9	215.2	55.0	21	174.0	29.0
10	157.8	56.0	22	176.0	25.2
11	212.9	57.0	23	168.7	33.6
12	137.8	46.0			

(データの出典) 日本科学技術研修所編:『JUSE–MA による多変量解析』, 日科技連出版社, 1997 年. ただし, 中古住宅価格は原典の 2 倍となっている.

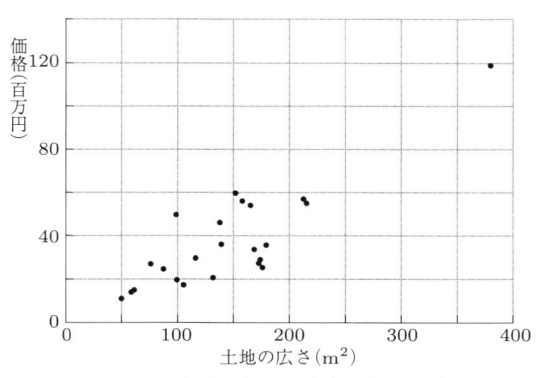

図 1.13 土地の広さと中古住宅の価格

いは 300 m^2 程度のときの中古住宅の価格データは欠けており, そのあたりを予測する方法はないであろうか. このような要請に対して, 散布図から得られる情報と過去の記録および経験を総合して, 土地の広さから中古住宅の価格を説明したいとする. このとき, 土地の広さを**説明変数**(explanatory variable)と呼び, 中古住宅の価格を**目的変数**(criterion variable)と呼ぶ. 特に, 目的変数を説明変数の 1 次式として表す方法として, **回帰直線**と呼ばれる直線を求める方法

表 1.9
観測された 2 変数のデータ

番号	x	y
1	x_1	y_1
2	x_2	y_2
⋮	⋮	⋮
i	x_i	y_i
⋮	⋮	⋮
n	x_n	y_n
標本平均	$\overline{x}$	$\overline{y}$

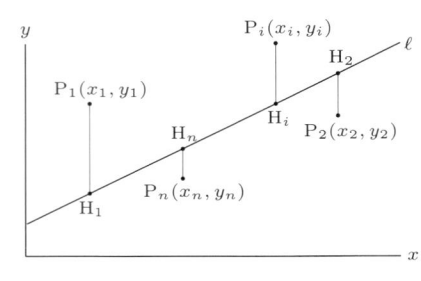

図 1.14　最小 2 乗法

がある．土地の広さと中古住宅の価格データは後に再度扱うことにし，回帰直線を求める一般的手続きを先に学ぶことにする．

表 1.9 は 2 変数 x, y の観測データで，y は目的変数，x は説明変数である．x のデータ $x_1, x_2, \cdots, x_n$ の標本平均を $\overline{x}$ とし，y のデータ $y_1, y_2, \cdots, y_n$ の標本平均を $\overline{y}$ とする．図 1.14 はその散布図である．平面上に直線を 1 本引き，それを ℓ とする．各点 $\mathrm{P}_i(x_i, y_i)$ から y 軸に平行な直線を引き，ℓ との交点を H_i，H_i の座標を $(x_i, \hat{y}_i)$ とする．このとき，線分 $\mathrm{P}_i\mathrm{H}_i$ の長さの 2 乗 $\mathrm{P}_i\mathrm{H}_i^2$ の和を e^2 と表す．すなわち，

$$e^2 = \sum_{i=1}^{n} \mathrm{P}_i\mathrm{H}_i^2 \tag{1.29}$$

とする．e^2 の値は，直線 ℓ の位置が動くに従って変化する．e^2 の値を最小とするような直線 ℓ を $\boldsymbol{x}$ に対する $\boldsymbol{y}$ の回帰直線という．

回帰直線の方程式を議論するために用いる記号 S_{xx} と S_{yy} を再度明記する．

$$x \text{ の偏差平方和}\quad:\quad S_{xx} = \sum_{i=1}^{n}(x_i - \overline{x})^2$$

$$y \text{ の偏差平方和}\quad:\quad S_{yy} = \sum_{i=1}^{n}(y_i - \overline{y})^2$$

x に対する y の回帰直線は次の (1.30) 式のとおり与えられることが証明される．

> **x に対する y の回帰直線**　a, b を,
>
> $$b = \frac{S_{xy}}{S_{xx}}, \quad a = \overline{y} - b\overline{x} = \overline{y} - \frac{S_{xy}}{S_{xx}}\overline{x}$$
>
> とおくとき, x に対する y の回帰直線は次の方程式で与えられる.
>
> $$y = a + bx \tag{1.30}$$

a, b は**回帰係数**と呼ばれる. (1.30)式から容易にわかるように, x に対する y の回帰直線は点 $(\overline{x}, \overline{y})$ を通る. a, b の値を簡便に計算するためには, 先に b の値を,

$$b = \frac{n\left(\sum xy\right) - \left(\sum x\right)\left(\sum y\right)}{n\left(\sum x^2\right) - \left(\sum x\right)^2} \tag{1.31}$$

により求め, 次に a の値を,

$$a = \overline{y} - b\overline{x} \tag{1.32}$$

により求めるという手順になる. (1.30)式についての証明はこの項の終わりに行う.

$y = a + bx$ を表1.9のデータから求められた x に対する y の回帰直線とする.

$$\hat{y}_i = a + bx_i \quad (i = 1, 2, \cdots, n)$$

とおくとき, y のデータ値 y_i の偏差 $y_i - \overline{y}$ は, $\hat{y}_i$ を中間において次のように表される.

$$y_i - \overline{y} = (y_i - \hat{y}_i) + (\hat{y}_i - \overline{y}) \quad (1.33)$$

(1.33)式の右辺の第1項は, y_i の偏差のうち**回帰により説明されない部分**あるいは**回帰からの偏差**といわれ, 第2項は回帰に

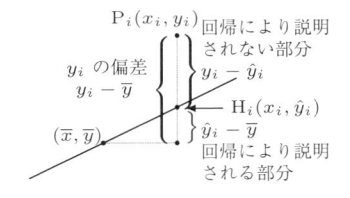

図 1.15 回帰による説明

より説明される部分といわれる（図 1.15 参照）．回帰からの偏差の総和を求めると，

$$\sum_{i=1}^{n}(y_i - \hat{y}_i) = \sum_{i=1}^{n}\{y_i - (bx_i + a)\}$$
$$= \sum_{i=1}^{n}\{y_i - (bx_i + \overline{y} - b\overline{x})\}$$
$$= \sum_{i=1}^{n}(y_i - \overline{y}) - b\sum_{i=1}^{n}(x_i - \overline{x}) = 0 - b \cdot 0 = 0 \quad (1.34)$$

となる．(1.34)式の結果は，**回帰からの偏差の総和は 0** であることを示している．

(1.33)式の両辺を 2 乗し，$i = 1, 2, \cdots, n$ について各辺の和をとり整頓すると次の(1.35)式が得られる．(1.35)式が成り立つことの証明は巻末の演習問題 10 とする．

$$\sum_{i=1}^{n}(y_i - \overline{y})^2 = \sum_{i=1}^{n}(y_i - \hat{y}_i)^2 + \sum_{i=1}^{n}(\hat{y}_i - \overline{y})^2 \quad (1.35)$$

(1.35)式の左辺は y データの偏差平方和であり，これは y の**全変動**と呼ばれる．右辺の第 1 項は**回帰により説明されない変動**，第 2 項は**回帰により説明される変動**とそれぞれ呼ばれる．全変動に対する回帰により説明される変動の率を**寄与率**あるいは**決定係数**という．寄与率を η^2 と表すと，

$$\eta^2 = \frac{\sum_{i=1}^{n}(\hat{y}_i - \overline{y})^2}{\sum_{i=1}^{n}(y_i - \overline{y})^2} \quad (1.36)$$

である．η^2 の値の範囲は $0 \leqq \eta^2 \leqq 1$ である．特に，$\eta^2 = 1$ のときは，y の全変動は回帰により説明される変動ですべて表される．またこのとき，散布図の点はすべて回帰直線の上にある．$\eta^2 = 0$ のときは(1.36)の分子が 0 であり，すべての i について $\hat{y}_i = \overline{y}$ となり，回帰直線は x 軸と平行である．寄与率が 1 に近いほど回帰直線は y データの変動の多くの部分を説明することになる．寄与率の計算には次の(1.37)式を使うことができる．

$$\eta^2 = \frac{\{n\sum xy - (\sum x)(\sum y)\}^2}{\{n\sum x^2 - (\sum x)^2\}\{n\sum y^2 - (\sum y)^2\}} \quad (1.37)$$

1.4 2変数データのまとめ方

表 1.8, 図 1.13 にある土地の広さと中古住宅の価格のデータについて, 土地の広さ($x\,\mathrm{m}^2$)を説明変数, 中古住宅の価格(y 百万円)を目的変数とし, 回帰直線と決定係数を求める.

$$\sum x = 3315.00, \qquad \sum x^2 = 585849.34, \qquad \sum y = 862.20,$$
$$\sum y^2 = 44419.80, \qquad \sum xy = 154940.62$$

であるので, (1.31)式に従い計算を行うと,

$$\overline{x} = 3315.00/23 = 144.1304, \overline{y} = 862.20/23 = 37.4870$$
$$b = \frac{23 \times 154940.62 - 3315.00 \times 862.20}{23 \times 585849.34 - 3315.00^2} = 0.2838$$
$$a = \overline{y} - b\overline{x} = -3.4237$$

である. ただし, 答えの数値は計算の途中も小数点以下の桁数を十分にとって行った結果である. したがって, 回帰直線は,

$$y = -3.4237 + 0.2838x \tag{1.38}$$

となり, 決定係数は, (1.37)式により計算すると,

$$\eta^2 = \frac{(23 \times 154940.62 - 3315.00 \times 862.20)^2}{(23 \times 585849.34 - 3315.00^2) \times (23 \times 44419.80 - 862.20^2)}$$
$$= 0.7196$$

となる. 図 1.13 に点 $(\overline{x}, \overline{y})$ と回帰直線(1.38)を記入した図が図 1.16 である.

x に対する y の回帰直線の方程式(1.30)を導く

表 1.9 のデータが与えられているとする. a と b を未知の定数とし, 図 1.14 において直線 ℓ の方程式を $y = a + bx$ とおく. このとき, 点 H_i の座標は $(x_i, a+bx_i)$ であるから, (1.29)式の e^2 は次のように変形される.

$$e^2 = \sum_{i=1}^{n} \mathrm{P}_i\mathrm{H}_i^2 = \sum_{i=1}^{n}\{y_i - (bx_i + a)\}^2$$
$$= \sum_{i=1}^{n}\{(y_i - \overline{y}) - b(x_i - \overline{x}) - (b\overline{x} + a - \overline{y})\}^2$$

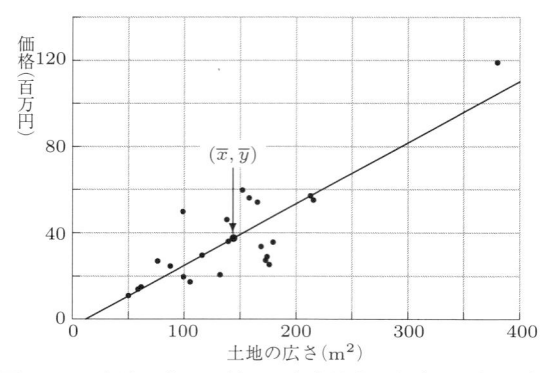

第 1 章 統計データとそのまとめ方

図 1.16 土地の広さに対する中古住宅の価格の回帰直線

$$= \sum_{i=1}^{n}(y_i-\overline{y})^2 + b^2\sum_{i=1}^{n}(x_i-\overline{x})^2 + n(b\overline{x}+a-\overline{y})^2$$
$$-2b\sum_{i=1}^{n}(x_i-\overline{x})(y_i-\overline{y}) - 2(b\overline{x}+a-\overline{y})\left\{\sum_{i=1}^{n}(y_i-\overline{y}) - b\sum_{i=1}^{n}(x_i-\overline{x})\right\}$$

(最後の項の { } 内は偏差の総和は 0 であるという性質により 0 である)

$$= S_{yy} + b^2 S_{xx} + n(b\overline{x}+a-\overline{y})^2 - 2bS_{xy}$$
$$= S_{xx}\left(b - \frac{S_{xy}}{S_{xx}}\right)^2 + n(b\overline{x}+a-\overline{y})^2 + S_{yy} - \frac{(S_{xy})^2}{S_{xx}}$$

a と b を変化させるとき,直上の式が最小となるのは $S_{xx} > 0$ であるから,平方完成されている項が 0 となるときである.したがって,

$$b - \frac{S_{xy}}{S_{xx}} = 0, \qquad b\overline{x}+a-\overline{y} = 0$$

となるとき e^2 の値は最小となる.以上により,x に対する y の回帰直線の公式 (1.30) が示された.このとき e^2 の最小値は,

$$e^2 = S_{yy} - \frac{(S_{xy})^2}{S_{xx}} \tag{1.39}$$

となり,(1.35)式右辺の回帰により説明されない変動に一致する.

例 1.2 書店の新刊書コーナーで,16 冊の異なる題名の本についてページ数 (x) と価格 (y 千円) を調べたところ次の表のとおりであった.ページ数

を説明変数,価格を目的変数として回帰直線の方程式を求め,次に決定係数を求めよ.

| ページ数 (x) | 383 | 407 | 157 | 239 | 222 | 271 | 354 | 353 |
| 価格 (y 千円) | 1.80 | 2.00 | 1.30 | 1.40 | 1.60 | 1.55 | 1.65 | 1.60 |

| 285 | 447 | 319 | 150 | 532 | 572 | 423 | 203 |
| 1.50 | 1.80 | 2.10 | 0.95 | 2.10 | 3.20 | 1.45 | 1.30 |

$\sum x = 5317$, $\sum x^2 = 2002399$, $\sum y = 27.30$, $\sum y^2 = 50.38$, $\sum xy = 9835.60$

回帰係数: $b = \dfrac{n\left(\sum xy\right) - \left(\sum x\right)\left(\sum y\right)}{n\left(\sum x^2\right) - \left(\sum x\right)^2}$

$= \dfrac{16 \times 9835.60 - 5317 \times 27.30}{16 \times 2002399 - 5317^2}$

$= 0.0032419959,$

$a = \bar{y} - b\bar{x} = \dfrac{27.30}{16} - 0.0032419959 \times \dfrac{5317}{16}$

$= 0.62889$

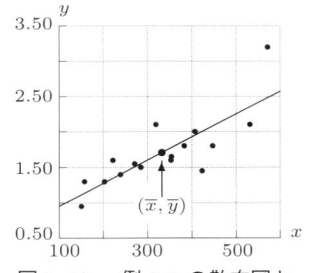

図 1.17 例 1.2 の散布図と回帰直線

したがって,回帰直線の方程式は,
$$y = 0.62889 + 0.003242x$$
である.決定係数は,(1.37)式により,
$$\eta^2 = \dfrac{(16 \times 9835.60 - 5317 \times 27.30)^2}{(16 \times 2002399 - 5317^2) \times (16 \times 50.38 - 27.30^2)} = 0.6515$$
である.

1.4.3 分割表

2つの質的変数の間の関係を調べるために**分割表**が作られる.それは2次元の表であり,縦方向と横方向にそれぞれの変数がとる質的な値を配置し,変数の質的な値が交差するところに,両方の値をもつ個体の個数を記入するものである.表 1.10 は,1.1 節の表 1.1 から変数 1(性別)と変数 2(クラブ活動)について分割表を作成したものである.

第 1 章 統計データとそのまとめ方

表 1.10 性別とクラブ活動の分割表

		クラブ活動			計
		スポーツ	文化	所属無し	
性別	女	14	16	18	48
	男	38	12	22	72
計		52	28	40	120

表 1.11 クラブ活動と 1 週間の課外学習の日数の分割表

		1 週間の課外学習の日数		計
		0 ～ 2 日	3 日以上	
クラブ活動	スポーツ	39	13	52
	文化	10	18	28
	所属無し	18	22	40
計		67	53	120

　縦方向にある変数を**表側**，横方向にある変数を**表頭**と呼ぶ．表側の値と表頭の値がクロスするところの度数を記録するという意味で，分割表は**クロス集計表**とも呼ばれる．2 つの変数のうち一方は質的変数，他方は量的変数の場合も，量的変数のデータをいくつかに分類して分割表は作成される．

　1.1 節の表 1.1 から，変数 2（クラブ活動）と変数 3（1 週間の課外学習の日数）をとり出し，変数 3 について 2 日までと 3 日以上の 2 つに分類すると，表 1.11 が得られる．最初に述べたように分割表を作る目的は，表側と表頭の変数が何らかの関係をもっているのか，あるいは全く関係がないのか調べるためである．表 1.10 においては，性別とクラブ活動の間を問題とし，表 1.11 においては，クラブ活動と 1 週間に受ける課外学習の日数の間を問題として，何らかの関係があるのかあるいは全くないのかを調べている．そのための統計的な方法については，第 6 章の分割表の検定のところで解説する．

第2章
標本データの分布

母集団から標本を無作為に1個とり出すとき，標本データとしてどのようなものが現れるかは，母集団におけるそれぞれの標本の構成要素がどのぐらいの頻度で，あるいはどのような密度で存在するかに依存する．母集団からただ1個の標本を無作為に抽出するという操作を繰り返し行うとき，出現する標本値は変動する．その変動の様子を標本データの分布という言葉で表現する．また，母集団の構成要素の頻度あるいは密度の全体像を母集団分布という言葉で表す．標本を1個とり出すときの標本データの分布を知るためには，母集団分布を知る必要がある．それは標本の出現頻度を表す確率という言葉により表される．本章ではその確率と，確率の言葉で表される母集団分布について学ぶ．

2.1 順列と組合せ

いくつかのものを順序をつけて1列に並べるとき，その配列を**順列**という．n個の相異なるものがあり，その中からr個をとり出して1列に並べるとする．ただし$r \leqq n$とし，同じものを重複してとり出すことはないとする．このようにしてできる配列を，**n個からr個とる順列**といい，その総数を${}_nP_r$と表す[1]．${}_nP_r$を計算する公式は次のようにして導かれる．

n個から1個とる順列の総数については，${}_nP_1 = n$であることは明らかである．n個から2個とる順列は，n個から1個とる順列それぞれについて，残りの$n-1$個から1個をとり出して，その次に並べてできると考える．このように考えると，${}_nP_2 = {}_nP_1 \times (n-1) = n(n-1)$となることがわかる．

rが3以上の場合も考え方は同様である．n個からr個とる順列は，n個から

[1) 記号に使われているPは，順列を意味するpermutationの頭文字である．

$(r-1)$ 個とる順列それぞれについて，残りの $n-(r-1) = n-r+1$ 個から 1 個をとり出し，その次に並べることにより作られる．したがって，次の公式が成り立つ．

$$_n\mathrm{P}_r = n(n-1)(n-2)\cdots(n-r+1) \tag{2.1}$$

公式 (2.1) の右辺は，n から 1 ずつ小さくなる r 個の数の積であることに注意する．特に，n 個から n 個とる順列の総数 $_n\mathrm{P}_n$ は，n から 1 までの n 個の数の積 $_n\mathrm{P}_n = n(n-1)(n-2)\cdots 2\cdot 1$ となる．これを n の**階乗**といい，記号 $n!$ で表す．

$$n! = n(n-1)(n-2)\cdots 2\cdot 1 \tag{2.2}$$

また，$n!$ は次のように，n から $(n-r+1)$ までの連続する r 個の数の積と，$(n-r)$ から 1 までの連続する $(n-r)$ 個の数の積に分けることができる．

$$n! = \{n(n-1)(n-2)\cdots(n-r+1)\}\{(n-r)(n-r-1)\cdots 2\cdot 1\}$$

右辺の後ろの括弧内は $(n-r)!$ に等しいので，$(n-r)!$ で両辺を割ると，

$$\frac{n!}{(n-r)!} = n(n-1)(n-2)\cdots(n-r+1)$$

となる．したがって，$_n\mathrm{P}_r$ は，

$$_n\mathrm{P}_r = \frac{n!}{(n-r)!} \tag{2.3}$$

と表すことができる．公式 (2.3) が $r=n$ の場合にも意味をもつようにするため，**$0! = 1$** と約束する．

n 個の異なるものから r 個をとり出し，順序を考慮しないで 1 組にしたものを，**n 個から r 個とる組合せ**という．この場合も同じものを重複してとり出すことはないとする．n 個から r 個とる組合せの総数を $_n\mathrm{C}_r$ と表す[2]．組合せの

---

[2] 記号に使われている C は，組合せを意味する combination の頭文字である．

2.1 順列と組合せ

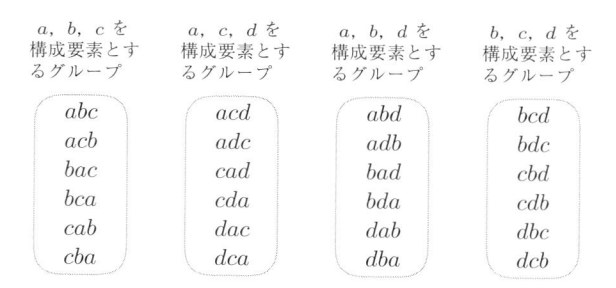

a, b, c を構成要素とするグループ	a, c, d を構成要素とするグループ	a, b, d を構成要素とするグループ	b, c, d を構成要素とするグループ
abc	acd	abd	bcd
acb	adc	adb	bdc
bac	cad	bad	cbd
bca	cda	bda	cdb
cab	dac	dab	dbc
cba	dca	dba	dcb

図 2.1 a, b, c, d から 3 個とる順列のグループ分け

総数は順列の総数から導かれる．図 2.1 は，$n=4$ の場合に異なる 4 個のものを a, b, c, d とし，4 個から 3 個をとる順列 $_4P_3 = 4\cdot 3\cdot 2 = 24$ 通りを，構成要素が同じであるようにグループに分けた様子を示している．結果として 4 つのグループに分けられている．a, b, c を構成要素とするグループには 6 通りの順列が含まれている．それらは，a, b, c の 3 個から 3 個をとる順列すべてが含まれている．これらの $_3P_3 = 3\cdot 2\cdot 1 = 6$ 通りの順列は，組合せとしてはすべて同じである．この 6 を重複度と呼ぶことにする．このようにして 1 つのグループは 1 通りの組合せに対応する．結果として組合せの総数は，順列の総数 24 を重複度 6 で割って得られる 4 である．すなわち，

$$_4C_3 = \frac{_4P_3}{_3P_3} = \frac{4\cdot 3\cdot 2}{3\cdot 2\cdot 1} = 4$$

である．同じ考えをすると，n 個から r 個とる組合せの総数は，n 個から r 個とる順列の総数を，重複度である r 個から r 個とる順列の総数で割って得られる．したがって次の公式が成り立つ．

$$_nC_r = \frac{_nP_r}{_rP_r} = \frac{n(n-1)(n-2)\cdots(n-r+1)}{r!} \tag{2.4}$$

(2.4)式の分子分母に $(n-r)!$ をかけると，$_nC_r$ は次のように表される．

$$_nC_r = \frac{n!}{r!(n-r)!} \tag{2.5}$$

n 個から r 個とる1つの組合せに対して,とられなかった残りの $(n-r)$ 個に注目すると,それは n 個から $(n-r)$ 個とる組合せの1つである.このことに注意すると, n 個から r 個とる組合せと n 個から $(n-r)$ 個とる組合せは1対1に対応しており,両方の組合せの総数は等しいことがわかる.したがって,

$$_n\mathrm{C}_r = {_n\mathrm{C}_{n-r}} \tag{2.6}$$

が成り立つ.

問 2.1 公式(2.4)あるいは(2.5)を利用し $_7\mathrm{C}_3$ と $_{10}\mathrm{C}_8$ の値を求めよ.

(答: $_7\mathrm{C}_3 = 35$, $_{10}\mathrm{C}_8 = 45$)

問 2.2 公式(2.4)あるいは(2.5)を直接計算することにより, $_n\mathrm{C}_1 = {_n\mathrm{C}_{n-1}} = n$ が成り立つことを確かめよ. (答:略,各自確かめよ)

ここで e という記号で表される数について説明する.式 $(1+h)^{\frac{1}{h}}$ において, h の値を正の側から0に,そして負の側から0に近づけていくと,式の値は表2.1に記されているように変化し,どちらも究極的には同じ値にどんどん近づく.このように $(1+h)^{\frac{1}{h}}$ の値は, h が0に近づくとき,ある一定の値に近づくことが知られている.この値は e という記号で表される. e は数学に関連する分野では非常に重要な数であり,経済・経営の問題では特に金利の計算や,商品のライフサイクルを示す曲線を求めるときにも頻繁に現れる数である. e は

表 2.1 数 e の定義

h	$(1+h)^{\frac{1}{h}}$	h	$(1+h)^{\frac{1}{h}}$
0.1	2.59374…	−0.1	2.86797…
0.01	2.70481…	−0.01	2.73199…
0.001	2.71692…	−0.001	2.71964…
0.0001	2.71814…	−0.0001	2.71841…
⋮	⋮ ↓	⋮	⋮ ↓
	2.718281828459…		

無理数であり，**自然対数の底**あるいは**ネピアの数**と呼ばれている．次式の左辺の無限個の数の和が e に一致することも知られている．

$$1 + \frac{1}{1!} + \frac{1}{2!} + \frac{1}{3!} + \cdots + \frac{1}{n!} + \cdots = e$$

e を底とする指数関数と，それに関連する関数は応用上特に大切である．本書においては，後の節と章で学ぶ正規分布と χ^2（カイ 2 乗）分布の確率密度関数を記述するために用いられる．e は 2.72 ぐらいの値の実数であると記憶しておく．

2.2　確　　率

1 個のサイコロを 1 回投げるとき，起こりうる結果は，{1 の目が出る }（以後これを単に {1} と表す），{2}，{3}，{4}，{5}，{6} の 6 通りである．このサイコロ投げを繰り返し行う場合のように，同じ状態の下で繰り返し行うことのできる実験や観察を**試行**という．ある製造工程から生産される製品の良否を調べるという観察においても，観察する製品は 1 個 1 個異なるが，目的は製造工程の状態を管理することにあるので，同じ状態での繰り返し試行とみなされる．母集団からの標本の抽出も試行とみなされる．試行の結果として起こる個々の事柄を**根元事象**という．サイコロ投げの試行の根元事象は，{1}，{2}，{3}，{4}，{5}，{6} の 6 通りである．{ 偶数の目が出る } という結果は，{2}，{4}，{6} の 3 個の根元事象からなる．複数の根元事象からなる事柄を**複合事象**といい，根元事象と複合事象をあわせて**事象**という．また，すべての根元事象からなる複合事象を**標本空間**あるいは**全事象**という．事象は A, B, C などの文字を用いて表すが，特に全事象は U で表す．

1 回の試行において，どの根元事象も同じ確からしさで起こるとみなされるとき，事象 A の起こる**確率** $\Pr\{A\}$ を次のように定義する．ここで，$n(A)$ は事象 A に含まれる根元事象の個数を表す．

$$\Pr\{A\} = \frac{n(A)}{n(U)} = \frac{A \text{ に含まれる根元事象の個数}}{\text{すべての根元事象の個数}} \tag{2.7}$$

このように定義される事象 A の確率は，試行において事象 A が起こる確からしさを 0 と 1 の間の数値で表すものである．確率 0 は決して起こらないことを，確率 1 は必ず起こることを表す．(2.7)式に従うと，本節冒頭のサイコロ投げの試行においては，

$$\Pr\{1\} = \Pr\{2\} = \Pr\{3\} = \Pr\{4\} = \Pr\{5\} = \Pr\{6\} = \frac{1}{6}$$

$$\Pr\{\text{偶数の目}\} = \frac{3}{6} = \frac{1}{2}$$

となる．

2つの事象 A, B について，A か B の少なくとも一方が起こるという事象を A と B の**和事象**といい $A \cup B$ と表す．$A \cup B$ は A に含まれる根元事象と B に含まれる根元事象すべてからなる事象である．事象 A について A が起こらないという事象を A の**余事象**といい，$\overline{A}$ で表す．$\overline{A}$ は A に含まれない根元事象すべてからなる事象である．根元事象を 1 つも含まない事象も考え，これを**空事象**といい，$\emptyset$ で表す．2つの事象 A と B が同時には決して起こらないとき，すなわち，同じ根元事象を共通に含まないとき，互いに**排反**であるという．確率については，次のことが成り立つ．

任意の事象 A について　$0 \leqq \Pr\{A\} \leqq 1$ 　　　　　　　　　　(2.8a)

特に　$\Pr\{\emptyset\} = 0$, $\Pr\{U\} = 1$

A と B が互いに排反ならば　$\Pr\{A \cup B\} = \Pr\{A\} + \Pr\{B\}$ 　　(2.8b)

$\Pr\{\overline{A}\} = 1 - \Pr\{A\}$ 　　　　　　　　　　　　　　　　　　(2.8c)

(2.8b)は**加法定理**と呼ばれている．

2つの事象 A, B について，A と B がともに起こるという事象を A と B の**積事象**といい，$A \cap B$ と表す．$A \cap B$ は，A と B に共通に含まれる根元事象すべてからなる事象である．

問 2.3　3つの事象 A, B, C について次が成り立つことを確かめよ．
(1) $(A \cup B) \cup C = A \cup (B \cup C)$. (2) $(A \cap B) \cap C = A \cap (B \cap C)$.
このことから，(1) の各辺を単に $A \cup B \cup C$ と表し，(2)の各辺を単に $A \cap B \cap C$ と表す．

2.2 確　率

（答：略，各自確かめよ）

2つの事象 A, B を考える．今，何かのきっかけで A が起こったということ，あるいは A が確実に起こることがわかったとする．このとき事象 B の起こる確率を，A を条件とする B の**条件つき確率**といい，$\Pr\{B\,|\,A\}$ と表す．

簡単な例をあげて条件つき確率を説明する．1個のサイコロを1回投げる試行において，$A = \{1, 2, 3, 4, 5\}$ とし，今何かのきっかけで A が起こったことがわかったとする．しかし，$\{1\}$, $\{2\}$, $\{3\}$, $\{4\}$, $\{5\}$ のうちどの事象が起こったかについては何も情報はなく，これら5つの事象は同様に確からしいとする．このとき $\{1\}$ から $\{5\}$ までのそれぞれの事象の確率はいくらであるかについては次のように考える．A が起こったという条件のもとでは全事象は A であり，根元事象は $\{1\}$, $\{2\}$, $\{3\}$, $\{4\}$, $\{5\}$ の5個である．したがって確率の定義 (2.7) より，

$$\Pr\{1\,|\,A\} = \Pr\{2\,|\,A\} = \Pr\{3\,|\,A\} = \Pr\{4\,|\,A\} = \Pr\{5\,|\,A\} = \frac{1}{5}$$

である．また，A が起こったという条件の下では $\{6\}$ は決して起こらないから，

$$\Pr\{6\,|\,A\} = 0$$

である．次に $B = \{2, 4, 6\}$ とする．A が起こったという条件の下では，B の根元事象のうち考えるべきものは $\{2\}$ と $\{4\}$ である．したがって，条件つき確率 $\Pr\{B\,|\,A\}$ は，

$$\Pr\{B\,|\,A\} = \frac{2}{5}$$

である．

このように，A が起こったという条件を設定することは，全事象を U から A に狭めることであると解釈する．A が起こったという条件のもとで B が起こる条件つき確率について，

$$\Pr\{B\,|\,A\} = \frac{n(A \cap B)}{n(A)} \tag{2.9}$$

が成り立つ．(2.9)式に，$\Pr\{A\cap B\} = n(A\cap B)/n(U)$ から導かれる式 $n(A\cap B) = n(U)\Pr\{A\cap B\}$ と，$\Pr\{A\} = n(A)/n(U)$ から導かれる式 $n(A) = n(U)\Pr\{A\}$ を代入し整頓すると，次の式が得られる．(2.10)は**乗法定理**と呼ばれる．

$$\Pr\{A\cap B\} = \Pr\{A\}\Pr\{B\,|\,A\} \tag{2.10}$$

例 2.1 5本のくじの中に3本の当たりくじがある．a，b 2人がこの順に1本ずつくじを引く．ただし，aが引いたくじはもとに戻さずに，bは残りのくじの中から1本引くとする．bが当たりくじを引く確率を求めよ．

aが当たりくじを引くという事象を A とし，bが当たりくじを引くという事象を B とする．5本のくじには見えないところにそれぞれ1から5までの番号が記入されており，そのうち1，2，3の番号が記入されているくじが当たりくじであるとする．くじが区別されるようにしておくと，a，bが1本ずつ順に引くという試行の標本空間は図2.2のように表される．図2.2にプロットされている点は根元事象を表す．例えば，座標が(2, 4)の位置にある点は，aは2のくじ(当たり)を引き，bは4のくじ(はずれ)引いたという事象を表す．標本空間は20個の根元事象からなり，このうち A は左側の3列にある根元事象を含む複合事象である．B は下側3行にある根元事象からなる複合事象である．A，B ともに12個の根元事象を含む．標本空間の20個の根元事象がどれも同程度の確からしさで起こると考えられるので，A，B の起こる確率は，それぞれ，

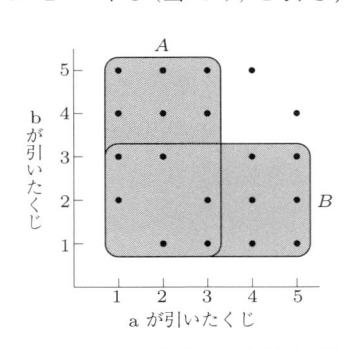

図 2.2 くじを順番に引く試行の標本空間図

$$\Pr\{A\} = \frac{12}{20} = \frac{3}{5}, \quad \Pr\{B\} = \frac{12}{20} = \frac{3}{5}$$

である.

上の解は標本空間のすべてを描き確率を求めたが,この例のように試行が段階的に行われ,先の段階で決まる事象が条件となる場合は,乗法定理が有効に利用される.まず事象 B は,互いに排反な 2 つの事象 $A \cap B$(A が当たり,B も当たる) と $\overline{A} \cap B$(A がはずれ,B は当たる) の和事象であることに注意する.乗法定理によれば,

$$\Pr\{A \cap B\} = \Pr\{A\}\Pr\{B \mid A\}$$

である.右辺の $\Pr\{A\}$ と $\Pr\{B \mid A\}$ の値は,a と b がくじを引く段階において,くじの総数と当たりくじが何本含まれているかの情報があるため,それぞれ $\Pr\{A\} = 3/5$, $\Pr\{B \mid A\} = 2/4$ であることがわかる.したがって,

$$\Pr\{A \cap B\} = \Pr\{A\}\Pr\{B \mid A\} = \frac{3}{5} \times \frac{2}{4} = \frac{3}{10}$$

となる.全く同様に考えると,

$$\Pr\{\overline{A} \cap B\} = \Pr\{\overline{A}\}\Pr\{B \mid \overline{A}\} = \frac{2}{5} \times \frac{3}{4} = \frac{3}{10}$$

である.b が当たりくじを引く確率は,互いに排反な事象の確率の和として,

$$\Pr\{B\} = \Pr\{A \cap B\} + \Pr\{\overline{A} \cap B\} = \frac{3}{5}$$

のように求められる.この解法の特徴は,大きな標本空間を扱う必要がないというところにある.また,$\Pr\{B \mid A\}$ を求めることは,くじの総数と当たりくじの本数との情報があるため,非常に容易である.条件つき確率の計算は,一般に条件のついていない確率計算よりも易しくなる.乗法定理 (2.10) では,左辺の確率を右辺で 2 つの事象の確率の積に分解している.右辺の 2 つの確率計算は,左辺の確率を直接計算することに比べれば一般的により容易である.また,そのようなときにこそ乗法定理は利用価値が高いといえる.乗法定理を用いる計算は,図 2.3 のように確率の木として図示される.

問 2.4 1 個のサイコロを 2 回投げる試行では,目の出方により 36 個の根元事象があ

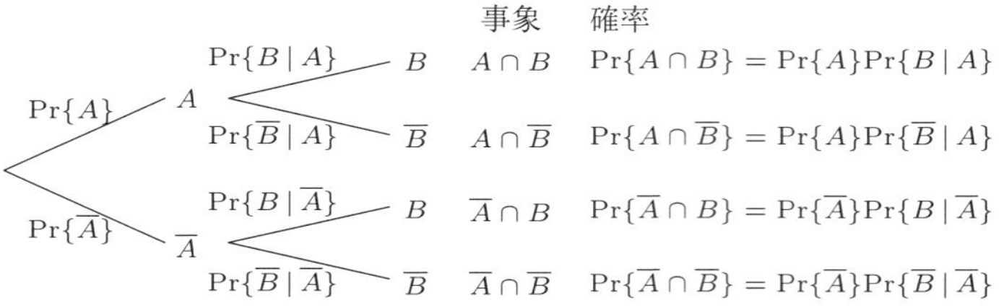

第 2 章 標本データの分布

```
                       事象       確率
              Pr{B|A}   B    A∩B    Pr{A∩B} = Pr{A}Pr{B|A}
Pr{A}    A
              Pr{B̄|A}   B̄    A∩B̄    Pr{A∩B̄} = Pr{A}Pr{B̄|A}

              Pr{B|Ā}   B    Ā∩B    Pr{Ā∩B} = Pr{Ā}Pr{B|Ā}
Pr{Ā}    Ā
              Pr{B̄|Ā}   B̄    Ā∩B̄    Pr{Ā∩B̄} = Pr{Ā}Pr{B̄|Ā}
```

図 2.3　くじを順番に引く試行の確率の木

り，それらはどれも同様の確からしさで出現する．事象 A を { 目の和が偶数である } とする．この試行の結果を示す図 2.4 を用いて，A を条件とする次の事象の条件つき確率を求めよ．(1) 事象 B : { 第 1 回の投げの結果は {1} か {2} である }，(2) 事象 C : { 第 1 回の投げ，第 2 回の投げの結果はともに奇数の目である }．

(答：(1) $\Pr\{B|A\} = 1/3$，(2) $\Pr\{C|A\} = 1/2$)

```
1 1   2 1   3 1   4 1   5 1   6 1     それぞれの数の組で，
1 2   2 2   3 2   4 2   5 2   6 2     左側の数は第 1 回の投げで出た目，
1 3   2 3   3 3   4 3   5 3   6 3     右側の数は第 2 回の投げで出た目
1 4   2 4   3 4   4 4   5 4   6 4     とする．
1 5   2 5   3 5   4 5   5 5   6 5
1 6   2 6   3 6   4 6   5 6   6 6
```

図 2.4　1 個のサイコロを 2 回投げるときの標本空間

2 つの事象 A，B について，

$$\Pr\{B|A\} = \Pr\{B\} \tag{2.11}$$

が成り立つとき，事象 B は事象 A と独立であるという．(2.11) 式は，

$$\frac{n(A \cap B)}{n(A)} = \frac{n(B)}{n(U)}$$

が成り立つことを示している．この式より，式変形により，

$$\frac{n(B \cap A)}{n(B)} = \frac{n(A)}{n(U)}$$

を導くことができる．したがって，

$$\Pr\{A|B\} = \Pr\{A\}$$

を得る．このことは，B が A と独立ならば，A は B と独立であることを示している．このように独立性は相互的であるので，単に，A と B は**独立**であるという．独立な事象について，乗法定理(2.10)は次の形で成り立つ．

事象 A と B が独立ならば，

$$\Pr\{A \cap B\} = \Pr\{A\}\Pr\{B\} \tag{2.12}$$

である．

3つの事象 A, B, C があって，そのうちどの2つの事象も独立であり，また，どの2つの事象の積事象も他の1つの事象と独立であるとき，事象 A, B, C は**独立**であるという．事象 A, B, C が独立であるとき，(2.12)を繰り返し適用することにより，

$$\Pr\{A \cap B \cap C\} = \Pr\{A\}\Pr\{B\}\Pr\{C\} \tag{2.13}$$

が成り立つことがわかる．(2.12), (2.13)は**独立事象の乗法定理**といわれる．同じ試行を繰り返し行う反復試行における事象の確率を考えるとき，独立事象の乗法定理が有効に利用される．

問 2.5 問 2.4 の A と B は独立かどうか，また A と C はどうか．

（答：A と B は独立，A と C は独立でない）

ここまでは確率の定義(2.7)に基づき話を進めてきたが，改めて確率の理論の基本を整理しておく．試行における標本空間の根元事象は有限個であるとする．そしてそれら根元事象はすべて列挙されているとする．

- 根元事象それぞれに，0 と 1 の間の数値が確率として付与される．ただし，すべての確率の和は 1 に等しい．また，空事象の確率は 0 である．
- 複合事象の確率は，その複合事象に含まれる根元事象すべての確率の和である．
- 2つの事象 A と B について，$\Pr\{A\} > 0$ であるとき，A を条件とする

B の条件つき確率は，

$$\Pr\{B \mid A\} = \frac{\Pr\{A \cap B\}}{\Pr\{A\}}$$

である．

　各根元事象の起こることが必ずしも同様に確からしいと考えられない試行においては，根元事象の確率は，その根元事象が起こると期待される相対度数を表す数である．それは，試行を N 回繰り返すときその根元事象が起こる回数を r とするなら，十分大きな N に対して相対度数 r/N が近づいていくと期待される一定の数である．

2.3　計数値の確率分布

2.3.1　離散型変数

　母集団から1個だけ標本をとり出すとき，その値は母集団の特徴を反映する形で変動する．母集団の特徴を確率分布という考えに基づき表し，それを利用して標本データの変動の様子を調べる．本節では，母集団は無限個のものからなるが，その注目する属性の種類は有限である場合を扱う．例えば1人を選び賛成か反対か，あるいはコインを投げて表か裏かなどを見ることに典型的に現れるような，いくつかの異なるもので構成される母集団の姿を表現する方法を学ぶ．

　公平に作られている1枚のコインを1回投げるとき，{ 表が出る } という事象を H (Head) と表し，{ 裏が出る } という事象を T (Tail) と表す．このコインを独立に3回投げる試行を考える．この試行の根元事象は，

　　　　HHH, HHT, HTH, THH, HTT, THT, TTH, TTT

の8個である．独立に投げるという意味は，ある回のコイン投げが他の回のコイン投げに影響しないように，また他の回の投げの結果から影響を受けることがないように投げるということである．コインは公平にできているので，8個

の根元事象はどれも同じ確からしさで起こるとみなされる．したがって，8個の根元事象それぞれの確率はいずれも 1/8 である．いま，根元事象それぞれについて H の回数に注目し，それを x と表す．このとき x の値は 0，1，2，3 のうちのいずれかである．x は各根元事象に，「H の回数」という規則により数値を対応させる．逆に，x の値を指定すると，この試行における複合事象が指定されたことになる．x の値により指定される複合事象の確率を見ることにより，x の値に確率を対応させることができる．$x=0$ は根元事象 TTT だけからなる事象を指定するので，$x=0$ である確率は 1/8 である．$x=1$ は 3 個の根元事象 HTT，THT，TTH からなる複合事象を指定するので，$x=1$ となる確率は $3 \times 1/8 = 3/8$ である．これらを $\Pr\{x=0\} = 1/8$，$\Pr\{x=1\} = 3/8$ のように記す．このような考えをまとめると，表 2.2 および図 2.5 のようになる．

次に，正しく作られているサイコロ 1 個を独立に 2 回投げる試行を考える．この試行における根元事象は，第 1 回の投げで出る目と第 2 回の投げで出る目の組であり，それらは 36 通りあり，各々は 1/36 の確率をもつ．2 回の投げで出た目の和を y とする．y は 2 から 12 までの値をとり，それぞれの値に対応する根元事象の個数を図 2.4 を参照して数えあげることにより，表 2.3 およびそれをグラフ化した図 2.6 を得る．

コイン投げとサイコロ投げの試行を参考にし一般の場合を考える．有限個の根元事象から成る標本空間を考える．それぞれの根元事象には，等確率の考え方あるいは期待される相対度数の考え方により，確率が決まっているとする．そのような状況の下で，各根元事象に数値を対応させるとき，その対応を**確率**

表 2.2　3 回のコイン投げの H の回数と確率

x	0	1	2	3
$\Pr\{x\}$	$\dfrac{1}{8}$	$\dfrac{3}{8}$	$\dfrac{3}{8}$	$\dfrac{1}{8}$

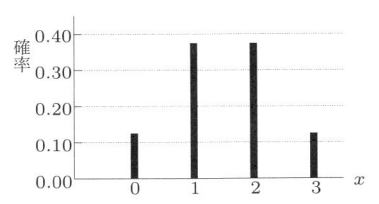

図 2.5　3 回のコイン投げの H の回数と確率

表 2.3　2回のサイコロ投げの目の和と確率

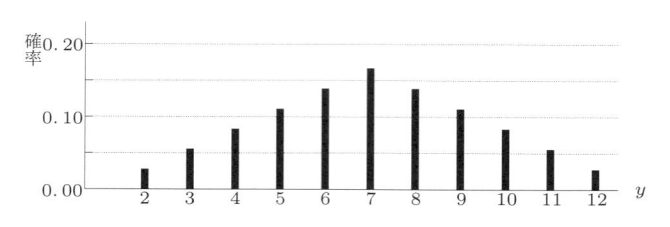

y	2	3	4	5	6	7	8	9	10	11	12
$\Pr\{y\}$	$\frac{1}{36}$	$\frac{2}{36}$	$\frac{3}{36}$	$\frac{4}{36}$	$\frac{5}{36}$	$\frac{6}{36}$	$\frac{5}{36}$	$\frac{4}{36}$	$\frac{3}{36}$	$\frac{2}{36}$	$\frac{1}{36}$

図 2.6　2回のサイコロ投げの目の和と確率

変数という．各根元事象には既に確率という数値が付与されているが，確率変数による数値への対応は，確率とは全く独立になされるものである．確率変数は x, y などの文字を用いて表す．標本空間が有限個の根元事象から構成されているので，確率変数のとる値も有限個である．この場合，確率変数は**離散型確率変数**といわれる．確率変数の値を指定すれば，その値に対応する根元事象はすべて列挙される．したがって，確率変数のとる値によって，その値に対応する根元事象すべての和事象を知ることができる．その和事象の確率を，確率変数がその値をとる確率であるとする．変数と，それがとる値について確率が付与されたとき，それらの概念を総合して確率変数の**確率分布**という．そして，x はこの確率分布に従うという．

確率変数とその確率分布は表 2.4 の形にまとめられる．表 2.4 は，変数 x は k 個の値 $x_1, x_2, \cdots, x_k$ をとり，それぞれの値をとる確率は $p_1, p_2, \cdots, p_k$ であることを表している．ここで，$0 \leqq p_i \leqq 1$ ($i = 1, 2, \cdots, k$)，および全確率は 1 であることより $\sum_{i=1}^{k} p_i = 1$ である．そして，$x = x_i$ に p_i を対応させる関数 $f(x)$ を考える．

$$f(x_i) = \Pr\{x = x_i\} = p_i \quad (i = 1, 2, \cdots, k)$$

$f(x)$ は確率変数 x の**確率関数**と呼ばれる．図 2.7 は確率関数 $f(x)$ を棒グラ

2.3 計数値の確率分布

表 2.4 離散型確率変数 x の確率分布

x	x_1	x_2	$\cdots$	x_k
$\Pr\{x\}$	p_1	p_2	$\cdots$	p_k

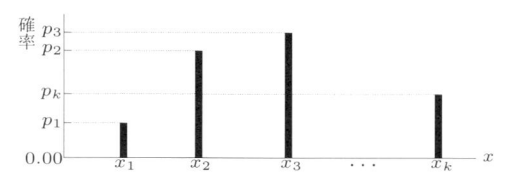

図 2.7 確率関数 $f(x)$

フで表したものである.

表 2.4 の確率分布について, 次の(2.14)式により計算される数値 μ を, 確率変数 x の平均という.

$$\mu = \sum_{i=1}^{k} x_i p_i \qquad (2.14)$$

表 2.2 の, 1 枚のコインを 3 回投げる試行における H の回数を表す確率変数 x について平均 μ は,

$$\mu = 0 \times \frac{1}{8} + 1 \times \frac{3}{8} + 2 \times \frac{3}{8} + 3 \times \frac{1}{8} = \frac{3}{2}$$

である. この数値は, 1 枚のコインを 3 回投げる試行においては, H は平均して 3/2 回得られるということを意味している. 現実には 3/2 回は起こり得ないが, その意味は理解されると思う.

問 2.6 表 2.3 にある, 2 回のサイコロ投げの試行において, 出た目の和として定義される確率変数 y の平均を計算せよ. (答:7)

x を表 2.4 の確率変数とし, $g(x)$ を x で表される式とする. このとき, $g(x)$ の期待値 $E[g(x)]$ を次の(2.15)式により定義する.

$$E[g(x)] = \sum_{i=1}^{k} g(x_i) p_i \qquad (2.15)$$

例 2.2 表 2.2 の, 1 枚のコインを 3 回投げる試行における, H の回数を表す確率変数 x を再びとり上げる. この試行を行うとき, 結果により $g(x) = 100x(2x-1)$ 円の賞金がもらえるとする. このとき $g(x)$ の期待値を求める.

$g(x)$ の値は $g(0) = 0$, $g(1) = 100$, $g(2) = 600$, $g(3) = 1500$ である. したがって, $g(x)$ の期待値は,

$$E[g(x)] = 0 \times \frac{1}{8} + 100 \times \frac{3}{8} + 600 \times \frac{3}{8} + 1500 \times \frac{1}{8} = 450$$

である. 450 円はこのゲームに 1 度参加するときもらえると期待される金額を表す.

期待値の定義から次が成り立つことは容易にわかる.

a, b, c を定数, $g(x)$, $h(x)$ を確率変数 x の式とするとき, 次式が成り立つ.
$$E[a] = a, \qquad E[bg(x) + ch(x)] = bE[g(x)] + cE[h(x)] \qquad (2.16)$$

確率変数の平均の定義式 (2.14) は, 期待値の定義式 (2.15) において $g(x) = x$ とした場合に一致する. μ と $E[x]$ は表記の仕方は異なるが同じものである.

表 2.4 の確率変数 x について, $(x-\mu)^2$ の期待値 $E[(x-\mu)^2]$ を確率変数 x の**分散**といい, $V[x]$ あるいは σ^2 という記号で表わす.

$$V[x] = \sigma^2 = E[(x-\mu)^2] = \sum_{i=1}^{k} (x_i - \mu)^2 p_i \qquad (2.17)$$

x のとる値 x_i について $(x_i - \mu)$ は, 値 x_i の偏差といわれる. 偏差は x_i が平均 μ より大きいか小さいか, また μ とどれぐらい隔たっているかを示す. $V[x]$

は偏差の2乗 $(x_i - \mu)^2$ の平均の大きさを表す特性値である．分散の正の平方根を**標準偏差**といい，記号 σ を用いて表す．分散と標準偏差は，標本データの標本分散と標本標準偏差の項で説明したのと同様に，分布の広がりの程度を示す特性値である．

これらの特性値は $\mu = E[x]$，$\sigma^2 = V[x]$，$\sigma = \sqrt{V[x]}$，などのように，それぞれ2通りの記号で表される．確率変数の平均，分散，標準偏差は確率分布の理論により与えられるものであるので，特に，**理論平均**，**理論分散**，**理論標準偏差**とも呼ばれる．

> **例 2.3** 表2.2の，1枚のコインを3回投げる試行における，Hの回数を表す確率変数 x について，分散 σ^2 と標準偏差 σ を求める．

前述したように，$\mu = 3/2$ であった．したがって，分散 σ^2 は，

$$\sigma^2 = \left(0 - \frac{3}{2}\right)^2 \times \frac{1}{8} + \left(1 - \frac{3}{2}\right)^2 \times \frac{3}{8} + \left(2 - \frac{3}{2}\right)^2$$
$$\times \frac{3}{8} + \left(3 - \frac{3}{2}\right)^2 \times \frac{1}{8} = \frac{3}{4}$$

である．また，分散の平方根として標準偏差は $\sigma = \sqrt{3/4} = \sqrt{3}/2$ である．

問 2.7 表2.3にある，2回のサイコロ投げの試行において，出た目の和として定義される確率変数 y の分散と標準偏差を，問2.6で求めた平均 μ を利用して計算せよ．

(答：$\sigma^2 = 35/6$，$\sigma = 2.42$)

2.3.2　2項分布

1個のサイコロを1回投げる試行において，事象 {2以下の目が出る} を S，その余事象 {3以上の目が出る} を F と表すことにする．このとき，$\Pr\{S\} = 2/6 = 1/3$，$\Pr\{F\} = 4/6 = 2/3$ である．1回の試行により起こる事象が2通りだけのとき，あるいは多数あっても2通りだけにまと

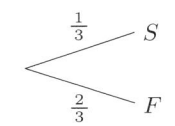

図 2.8　ベルヌーイの試行

めるとき，その試行を**ベルヌーイの試行**という．それは図 2.8 のように確率の木で表される．枝の近くに記入されている数値は，その枝の先端に記されている事象が起こる確率である．図 2.9 は，図 2.8 のベルヌーイの試行を独立に繰り返し 2 回行うときの結果を表す確率の木である．図 2.9 の確率の木は，図 2.3 と同じ構造をしている．異なるところは，図 2.9 においては 1 回ごとの試行は独立に行われるため，第 1 回の試行結果は第 2 回の試行結果に何ら影響を及ぼさないというところである．そのため，確率の木の第 2 段階の枝に付記される確率の値は，本来は条件つき確率であるが，第 1 回の S, F と第 2 回の S, F の組は，どの組合せの事象も独立な事象となり，条件のつかない確率と同じ値である．図 2.9 を参照するとき，次のことに注意する．

- 事象の欄に SS と記されているのは，第 1 回目が S，第 2 回目も S であったという意味である．正しくは，{ 第 1 回は S } ∩ { 第 2 回は S } と表記すべきところであるが，誤解は生じないのでこのように略記している．SF, FS, FF についても全く同様である．このように表記するとき，根元事象は，SS, SF, FS, FF の 4 つである．

- 事象 SS の起こる確率は，2 つの事象 { 第 1 回は S } と { 第 2 回は S } が独立であるから，それぞれの起こる確率の積である．ここには，独立事象についての乗法定理が適用されている．事象 SF, FS, FF の確率についても同様である．すなわち，左端から出発して，枝の右終端の事象に至るまでの枝に記されている確率の積である．

次に，SS, SF, FS, FF それぞれについて S の回数に注目すると，それぞ

	事象	確率	S の回数 (x)
$S \to S$	SS	$\frac{1}{3} \times \frac{1}{3} = \frac{1}{9}$	2
$S \to F$	SF	$\frac{1}{3} \times \frac{2}{3} = \frac{2}{9}$	1
$F \to S$	FS	$\frac{2}{3} \times \frac{1}{3} = \frac{2}{9}$	1
$F \to F$	FF	$\frac{2}{3} \times \frac{2}{3} = \frac{4}{9}$	0

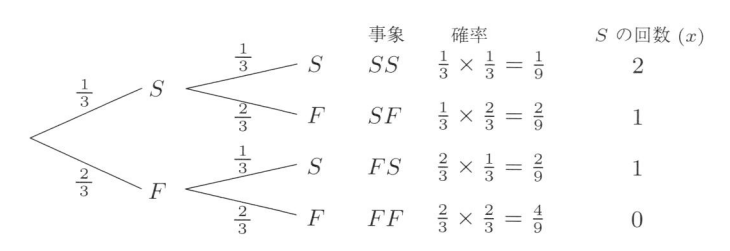

図 2.9　2 回の独立試行

2.3 計数値の確率分布

れ 2, 1, 1, 0 である．事象 S の回数を x とおく．x はそれぞれの根元事象に数を対応させる規則となる．逆に，x の値を指定することにより，$x = 0$ は FF，$x = 1$ は SF と FS の和事象，$x = 2$ は SS が指定されることになる．したがって x は確率変数となる．$x = 0$ となる確率を $\Pr\{x = 0\}$ などのように表すと，

$$\Pr\{x = 0\} = \Pr\{FF\} = \frac{2}{3} \cdot \frac{2}{3} = \left(\frac{2}{3}\right)^2$$
$$\Pr\{x = 1\} = \Pr\{SF \cup FS\} = \frac{1}{3} \cdot \frac{2}{3} + \frac{2}{3} \cdot \frac{1}{3} = 2\left(\frac{1}{3}\right)\left(\frac{2}{3}\right)$$
$$\Pr\{x = 2\} = \Pr\{SS\} = \frac{1}{3} \cdot \frac{1}{3} = \left(\frac{1}{3}\right)^2$$

である．

ベルヌーイの試行を独立に繰り返し n 回行う場合の確率の公式を導く手順として，$x = 1$ に含まれる根元事象は 2 個であることの理由を，特に注意して理解しておく必要がある．2 回試行して S が 1 回であったことは，それが第 1 回か第 2 回かのどちらかであり，2 個の「回」という異なるものから 1 個とる組合せに対応するとみなす．そのとられた「回」のところに S が配置されていると考え，$x = 1$ は 2 個の異なるものから 1 個とる組合せの総数と同じだけの根元事象を含む，と理解する．すなわち，${}_2C_1 = 2$ により計算される 2 である．また，2 つの根元事象 SF と FS は同一の確率 $(1/3) \times (2/3)$ をもつことにも注意する．表 2.5 は x の値と，x がその値をとる確率を記入したものである．$x = 1$ の欄の確率は $2(1/3)(2/3)$ であるが，係数が 2 であるのは上で説明した理由による．

図 2.10 は一般のベルヌーイの試行を図示するものである．この試行においては，確率 p で事象 S が起こり，確率 q で事象 F

図 2.10 一般のベルヌーイの試行

表 2.5 2 回の独立なベルヌーイの試行

x	0	1	2
$\Pr\{x\}$	$\left(\frac{2}{3}\right)^2$	$2\left(\frac{1}{3}\right)\left(\frac{2}{3}\right)$	$\left(\frac{1}{3}\right)^2$

が起こるとする．ただし，$q = 1-p$ とする．S は成功(Success)の頭文字を，F は失敗(Failure)のそれをとったものであるが，好ましい結果，好ましくない結果を表すのではなく，S は2通りの事象のうち注目している方を指す，という意味に用いている．例えば，ある製品の製造工程において不良品に注目しているとする．製品1個を検査することを1回の試行とし，その製品が不良品であるという事象を S，良品であるという事象を F とおくなどである．

図 2.10 のベルヌーイの試行を独立に n 回繰り返し行うとき，得られる S の回数を x とし，$x = r \, (0 \leqq r \leqq n)$ となる確率を与える公式を導く．図 2.10 の試行を独立に n 回繰り返し行う確率の木を描けば n 段の図となり，最終の枝の先端は 2^n 個ある．すなわち，標本空間は 2^n 個の根元事象からなる．2^n 個の根元事象を，S が何回現れているかにより分類し，その中で S がちょうど r 回現れる根元事象すべてについて考える．それらは，$SS\cdots SFF\cdots F$ から $FF\cdots FSS\cdots S$ まで S は r 個，F は $n-r$ 個からなる文字の並びで表される．これらの根元事象それぞれが現れる確率は $p^r q^{n-r}$ である．その理由は，S と F がどのような順序で並んでいる場合も，互いに独立に確率 p で起こる S が r 回，確率 q で起こる F が $(n-r)$ 回からなり，独立事象の乗法定理を適用して計算されるからである．

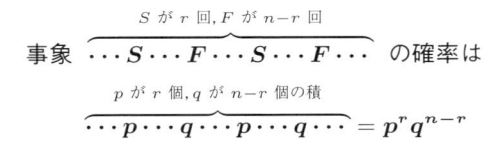

$$\text{事象} \overbrace{\cdots S \cdots F \cdots S \cdots F \cdots}^{S \text{ が } r \text{ 回}, F \text{ が } n-r \text{ 回}} \text{ の確率は}$$

$$\overbrace{\cdots p \cdots q \cdots p \cdots q \cdots}^{p \text{ が } r \text{ 個}, q \text{ が } n-r \text{ 個の積}} = p^r q^{n-r}$$

次に，S がちょうど r 回起こっている根元事象がいくつあるかを調べる．どの根元事象も S が r 個，F が $n-r$ 個からなる文字列で表される．S と F の文字がおかれている場所は合計で n 個あり，それら n 個の場所のうち r 個の場所を S が占めている．そのような文字の列は，n 個の異なる場所から r 個の場所をとる組合せの総数だけある．したがって，その総数は ${}_nC_r$ である．$x = r$ はそれら ${}_nC_r$ 個の根元事象の和事象に対応している．したがって，

2.3 計数値の確率分布

表 2.6 2 項分布の確率

x	0	1	$\cdots$	r	$\cdots$	$n-1$	n
$\Pr\{x\}$	q^n	npq^{n-1}	$\cdots$	${}_n\mathrm{C}_r p^r q^{n-r}$	$\cdots$	$np^{n-1}q$	p^n

$$\Pr\{x=r\} = {}_n\mathrm{C}_r p^r q^{n-r} \tag{2.18}$$

を得る．特に，

- $r=0$ のとき，$\Pr\{x=0\} = {}_n\mathrm{C}_0 p^0 q^{n-0} = q^n$（${}_n\mathrm{C}_0 = 1$ と約束する）
- $r=1$ のとき，$\Pr\{x=1\} = {}_n\mathrm{C}_1 p^1 q^{n-1} = npq^{n-1}$
- $r=n-1$ のとき，$\Pr\{x=n-1\} = {}_n\mathrm{C}_{n-1} p^{n-1} q^{n-(n-1)} = np^{n-1}q$
- $r=n$ のとき，$\Pr\{x=n\} = {}_n\mathrm{C}_n p^n q^{n-n} = p^n$

である．これらは表 2.6 にまとめられる．確率変数 x が 0 から n までの整数の値をとり，対応する確率が表 2.6 の公式で与えられる確率分布を **2 項分布**という．2 項分布は $B(n, p)$ と表す．そして，確率変数 x は $B(n, p)$ に従うといい，$x \sim B(n, p)$ と表す．(2.18)式より 2 項分布の確率関数は，

$$f(x) = {}_n\mathrm{C}_x p^x q^{n-x} \quad (x = 0, 1, 2, \cdots, n) \tag{2.19}$$

である．2 項分布は，S の確率 p と，繰り返し回数 n により決まる．p および n のように分布を特徴づける特性値を確率分布の**母数**と呼ぶ．

例 2.4 確率変数 x が $B(8, 1/3)$ に従うとき次を求めよ．(1) $\Pr\{x=3\}$，(2) $\Pr\{x \leqq 3\}$．

---

(1) $\Pr\{x=3\} = {}_8\mathrm{C}_3 \left(\dfrac{1}{3}\right)^3 \left(\dfrac{2}{3}\right)^{8-3} = \dfrac{8!}{3!\,5!} \left(\dfrac{2^5}{3^8}\right) \fallingdotseq 0.27$

(2) $\Pr\{x \leqq 3\} = \Pr\{x=0\} + \Pr\{x=1\} + \Pr\{x=2\} + \Pr\{x=3\}$

$\qquad = {}_8\mathrm{C}_0 \left(\dfrac{1}{3}\right)^0 \left(\dfrac{2}{3}\right)^{8-0} + {}_8\mathrm{C}_1 \left(\dfrac{1}{3}\right)^1 \left(\dfrac{2}{3}\right)^{8-1}$

$\qquad\quad + {}_8\mathrm{C}_2 \left(\dfrac{1}{3}\right)^2 \left(\dfrac{2}{3}\right)^{8-2} + {}_8\mathrm{C}_3 \left(\dfrac{1}{3}\right)^3 \left(\dfrac{2}{3}\right)^{8-3}$

第 2 章　標本データの分布

$$= \frac{2^8}{3^8} + 8 \times \frac{2^7}{3^8} + 28 \times \frac{2^6}{3^8} + 56 \times \frac{2^5}{3^8} = \frac{4864}{6561} \fallingdotseq 0.74$$

> **例 2.5**　あるスーパーマーケットでは，客の 40% がクレジット・カードで支払いをするという．このスーパーマーケットのあるレジで 7 人の客が支払いを済ませるとき，そのうちクレジット・カードで支払いをする客が 3 人以上 (3 人を含む) である確率を求めよ．

1 人の客がクレジット・カードを使うかどうかを確認することを 1 回の試行とする．クレジット・カードで支払いをする客の人数を x とし，x は 2 項分布 $B(7, 0.4)$ に従うと考える．このとき，求める確率は，

$$\Pr\{x \geqq 3\} = \sum_{i=3}^{7} \Pr\{x = i\} = \sum_{i=3}^{7} {}_7\mathrm{C}_i (0.4)^i (0.6)^{7-i}$$

である．この式は 5 つの項を含んでいる．計算量がより少なくなるように，事象 $\{x \geqq 3\}$ の余事象 $\{x \leqq 2\}$ の確率を計算し，1 から引くことにより答えを求める．

$$\begin{aligned}
\Pr\{x \geqq 3\} &= 1 - \Pr\{x \leqq 2\} = 1 - \left\{ \sum_{i=0}^{2} {}_7\mathrm{C}_i (0.4)^i (0.6)^{7-i} \right\} \\
&= 1 - \left\{ {}_7\mathrm{C}_0 (0.4)^0 (0.6)^7 + {}_7\mathrm{C}_1 (0.4)^1 (0.6)^6 + {}_7\mathrm{C}_2 (0.4)^2 (0.6)^5 \right\} \\
&\fallingdotseq 1 - (0.028 + 0.131 + 0.261) = 0.580
\end{aligned}$$

2 項分布の平均，分散は，それぞれの定義式 (2.14), (2.17) を 2 項分布の確率の公式 (2.18) に適用して計算することにより得られる．それらの結果は非常にわかりやすい形をしており，次の (2.20) 式の公式として与えられる．

> 確率変数 x が 2 項分布 $B(n, p)$ に従うとき，
>
> $$\mu = np, \qquad \sigma^2 = npq, \qquad \sigma = \sqrt{npq} \qquad (2.20)$$
>
> である．

問 2.9　2 項分布 $B(2, (1/3))$ の平均，分散，標準偏差を，表 2.5 を参考にし，定義式

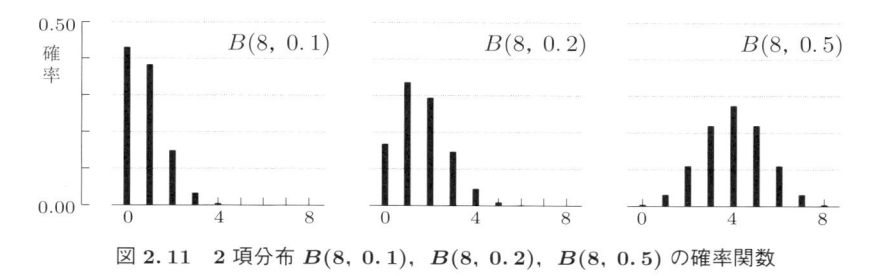

2.4 計測値の分布

図 2.11 2 項分布 $B(8, 0.1)$，$B(8, 0.2)$，$B(8, 0.5)$ の確率関数

(2.14), (2.17)により直接計算する方法と，公式(2.20)を利用する方法で求め，両方が一致することを確かめよ． （答：$\mu = 2/3, \sigma^2 = 4/9, \sigma = 2/3$）

問 2.9 2 項分布 $B(8, 0.1)$，$B(8, 0.2)$，$B(8, 0.5)$ について，それぞれの平均 μ，分散 σ^2，標準偏差 σ を公式(2.20)を利用して求めよ．次に，図 2.11 のそれぞれの確率関数のグラフの横軸上に，μ，$\mu \pm \sigma$ に対応する点を描き，確率分布の中心的な位置，広がりなどとの関係の概要を把握せよ． （答：$B(8, 0.1)$：$\mu = 0.8, \mu - \sigma = -0.05, \mu + \sigma = 1.65$，
$B(8, 0.2)$：$\mu = 1.6, \mu - \sigma = 0.47, \mu + \sigma = 2.73$，
$B(8, 0.5)$：$\mu = 4.0, \mu - \sigma = 2.59, \mu + \sigma = 5.41$）

2.4 計測値の分布

2.4.1 連続型変数

ある人が最寄りの駅まで歩いて行き，電車に乗って帰宅しようとしている．電車は 8 分間隔で出発している．あいにく時計を忘れているので時刻がわからない．彼は駅に着いてから電車に乗るまで何分待つであろうか．待ち時間を x 分とする．x は連続的に変化し，その範囲は 0 から 8 までである．このように値が連続的に変化すると考えられる変数を**連続型変数**という．連続型変数についての確率を考えるときには，その変数がある 1 つの値にちょうど等しい確率を考えるのではなく，その変数がある範囲の値をとる確率を考える．いまの例で，待ち時間が 1 分から 3 分の間である確率はいくらか，5 分から 7 分の間である確率はいくらかなど，変数の範囲を指定して確率を考える．1 分から 3 分

の間と5分から7分の間の幅はどちらも2分間で，それは最長の待ち時間8分に対して$2/8 = 0.25$であるから，これがそれぞれの確率の値であると考えられる．すなわち，

$$\Pr\{1 < x < 3\} = 0.25, \qquad \Pr\{5 < x < 7\} = 0.25$$

である．連続型変数がある1つの値となる確率は0に限りなく近く，扱うときには0とみなさなければならない．特にこの例では，0から8までのどの値もxの値としては同様に確からしい．もし，xがある1つの値をとる確率が何らかの正の値であるならば，xのとり得る無限個の値に対して正の確率をもつことになり，全確率は1であるという規則に反する．xがある範囲に入る確率を考えるとき，範囲の境界を含めるかどうかは，境界の値となる確率は0であるため，確率の値に関係しなくなる．そのため，$\Pr\{1 < x < 3\}$，$\Pr\{1 \leqq x < 3\}$，$\Pr\{1 < x \leqq 3\}$，$\Pr\{1 \leqq x \leqq 3\}$などは，同じ値をもつとして区別せずに扱う．

ここで，待ち時間の幅を1分ごとにした確率の値として$1/8 = 0.125$をおき，次の(2.21)式の関数を考える．関数(2.21)のグラフは，図2.12に描かれているとおりである．

$$f(x) = \begin{cases} 0.125 & (0 \leqq x \leqq 8) \\ 0 & (x < 0,\ x > 8) \end{cases} \tag{2.21}$$

関数(2.21)の特徴の1つは，グラフと横軸で囲まれる部分（図2.13の網掛け部分全体）の面積が1に等しいことである．そして，図2.13に濃く網掛けして示すように，グラフと横軸に囲まれて$1 < x < 3$の範囲の面積は$\Pr\{1 < x < 3\}$に等しく，$5 < x < 7$の範囲の面積は$\Pr\{5 < x < 7\}$に等しい．このように，変数xが指定された範囲の値をとる確率が，グラフと横軸とその範囲の境界とで

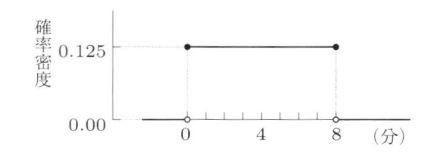

図 2.12 電車を待つ時間の確率密度関数

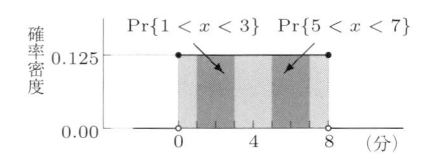

図 2.13 確率密度関数と確率の関係

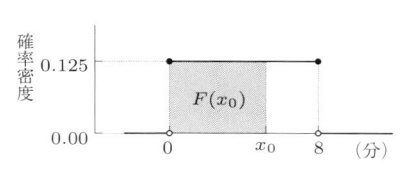

図 2.14 $F(x_0) = \Pr\{x \leqq x_0\}$ 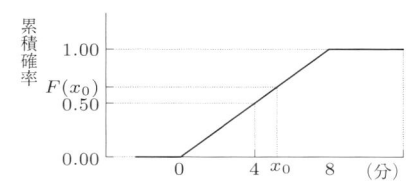   図 2.15 電車を待つ時間の累積確率関数

囲まれる面積の値として表されるとき，その関数を変数 x の**確率密度関数**といい，グラフの縦軸に現れる関数の値を**確率密度**という．そして，確率密度関数が与えられたとき変数 x を改めて**連続型確率変数**という．待ち時間 x として負の数あるいは 8 分以上はあり得ない．決して起こらない値に対しては，確率密度関数の値は 0 であると定義し，確率密度関数は (2.21) 式のようにすべての実数の値 $(-\infty < x < \infty)$ に対して定義されているとみなす．すなわち確率密度関数のグラフは，左へも右へも無限に続いていると考える．

次に，横軸上の値 x_0 に対して $F(x_0)$ を，
$$F(x_0) = \Pr\{x \leqq x_0\}$$
と定義する．すなわち，$F(x_0)$ は図 2.14 に示すように，確率密度関数と横軸で囲まれ $x = x_0$ の左側にある部分の面積の値である．

x_0 を改めて x と書くと容易にわかるように，$F(x)$ は次の式で表される．

$$F(x) = \begin{cases} 0 & (x < 0) \\ 0.125x & (0 \leqq x \leqq 8) \\ 1 & (x > 8) \end{cases}$$

この $F(x)$ を**累積確率関数**という．それは，確率変数 x がある値かそれ以下の値をとる確率，すなわち累積確率を表すものである．図 2.15 は $F(x)$ のグラフである．一方確率密度関数は，確率変数が指定された範囲の値をとる確率を，その関数のグラフと横軸と指定された範囲の境界で囲まれる部分の面積として表す役目を担うものである．表現の違いはあるが，どちらも連続型変数 x に同じ確率を関連づけるものである．このように，連続型変数とそれに確率を関連

づける確率密度関数あるいは累積確率関数が与えられたとき，それらを総称して連続型変数 x の**確率分布**という．確率密度関数のグラフを描くとき，縦軸の目盛りとなる確率密度は，確率変数が単位の幅に入る確率を表すといえる．例では単位は分であったから，この場合は1分間の幅に入る確率が確率密度の値である．一般的には確率密度関数は曲線となるので，確率密度の解釈にはもう少し柔軟な考えが必要である．

離散型確率変数の確率分布について期待値を定義し，平均値，分散を定義したが，連続型確率変数の確率分布についても同様の意味をもつ特性値を定義することができる．

電車の待ち時間の例において，代表的な待ち時間を列挙してみる．0分から1分を0.5分で代表し，1分から2分を1.5分で代表し，……，7分から8分を7.5分で代表させると，これらの待ち時間は同様の確からしさで起こると考えられる．すると，平均の待ち時間は4分である．このように離散的確率変数の場合になぞらえて考えることにより，連続型確率変数についても平均といえるものがあるということが納得できよう．平均は期待値とも呼ばれる．連続型確率変数 x の期待値も $E[x]$ という記号で表される．

さて，その人は時間に厳しい性格で，x 分の待ち時間を金額に換算して，$20x^2$ 円の損失を感じるとしよう．0分ならば0円，1分待ちならば20円，2分ならば80円，……，7分ならば980円の損失をそれぞれ感じる．それでは，1回電車を待つという行為について，彼は平均して何円の損失を感じるであろうか．最低の損失は0円で，最高の損失は $20 \times 8^2 = 1280$ 円に限りなく近い．ここでは，平均を計算することが目的ではなく，$20x^2$ というものにも平均の値といえるものがあることを学ぶことである．それを $20x^2$ の期待値と呼び $E[20x^2]$ と表す．一般に x で表される式 $g(x)$ が与えられるとき，$g(x)$ の期待値 $E[g(x)]$ を考えることができる．特に $g(x) = x$ のとき，$E[x]$ を改めて確率変数 x の平均といい μ と表す．また，平均 μ からの偏差の2乗 $(x-\mu)^2$ の期待値 $E[(x-\mu)^2]$ を確率変数 x の分散といい，σ^2 あるいは $V[x]$ と表す．分散 $V[x]$ の正の平方根を**標準偏差**という．すなわち，

- 確率変数 x の平均　　：$\mu = E[x]$
- 〃　　　分散　　：$\sigma^2 = V[x] = E[(x-\mu)^2]$
- 〃　　　標準偏差：$\sigma = \sqrt{\sigma^2} = \sqrt{V[x]}$

母集団から 1 個の標本を抽出するとき，その値 x は標本を抽出するたびに変動する．それを「標本データの分布」という．標本データの変動を問題にすることは，データの源泉である母集団の分布を問題にすることと同じである．したがって，母集団の平均が μ，分散が σ^2 であることと，標本データ x の期待値と分散はそれぞれ μ と σ^2 であることは同じ意味である．すなわち，

$$E[x] = \mu, \qquad V[x] = E[(x-\mu)^2] = \sigma^2$$

である．一方，複数の標本データから導かれる量，例えば標本平均や標本分散を統計量という．ここで特に「母集団分布」ではなく「標本データの分布」という言葉を用いた理由は，第 3 章以降で学ぶ統計量の分布という考え方をより一層鮮明にするためである．

2.4.2　一様分布

$a, b\ (a < b)$ を実数とする．連続型変数 x の確率分布で，$a \leqq x \leqq b$ において確率密度が正の一定値 $1/(b-a)$ であり，それ以外の x の範囲では 0 であるような分布を**一様分布**という．確率密度関数 $f(x)$ は，

$$f(x) = \begin{cases} \dfrac{1}{b-a} & (a \leqq x \leqq b) \\ 0 & (x < a,\ x > b) \end{cases} \tag{2.22}$$

で与えられる．このとき，x は一様分布 $U(a, b)$ に従うという．このことを $x \sim U(a, b)$ と表す．一様分布 $U(a, b)$ について，次のことが知られている．

$$\mu = \frac{a+b}{2} \qquad \sigma^2 = \frac{(b-a)^2}{12} \qquad \sigma = \frac{b-a}{2\sqrt{3}} \tag{2.23}$$

図 2.16 は $U(a, b)$ の確率密度関数と累積確率関数のグラフである．

問 2.10　$x \sim U(5, 12)$ であるとき，この分布の確率密度関数と累積確率関数のグラフを描け．また次の値を求めよ．

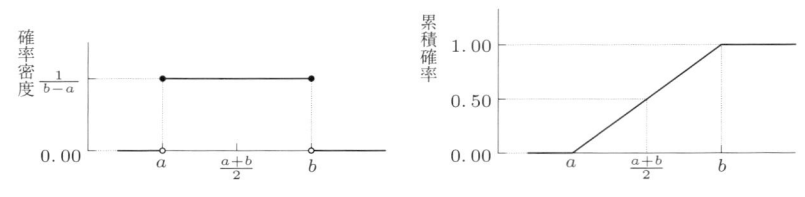

図 2.16　一様分布 $U(a, b)$ の確率密度関数(左)と累積確率関数(右)

(1) $\Pr\{x < 6\}$，　(2) $\Pr\{7 < x < 11\}$，　(3) $\Pr\{x > 9\}$，
(4) 平均 μ，分散 σ^2，標準偏差 σ.

(答：(1) $1/7$, (2) $4/7$, (3) $3/7$, (4) $\mu = 17/2$, $\sigma^2 = 49/12$, $\sigma = 7\sqrt{3}/6$)

2.4.3　正規分布

正規分布は，連続型変数 x について，正規曲線と呼ばれる曲線を確率密度関数としてもつ確率分布である．正規曲線は，μ と σ という記号で表される2つの数が与えられると確定する[3]．ただし，$\sigma > 0$ とする．したがって，μ と σ は正規分布を決める母数である．そして，μ は正規分布の平均に一致し，σ は標準偏差に一致することが知られている．母数 μ と σ をもつ正規分布を $N(\mu, \sigma^2)$ と表す．正規曲線も同じ記号 $N(\mu, \sigma^2)$ を用いて表す．図 2.17 の左側の図は正規曲線の一例である．そして右側のグラフは，累積確率関数の表す曲線である．μ と σ の値により多種類の正規曲線ができるが，それらは共通して次のような特徴をもっている．

(2.24a)　曲線は $-\infty < x < \infty$ において定義されている．
(2.24b)　曲線の形状は西洋の釣鐘型をしており，$x = \mu$ を中心とする左右対称形である．
(2.24c)　曲線と横軸で囲まれる部分の面積は 1 である．

正規曲線と横軸で囲まれる部分で，x の範囲を次のように指定するとき，μ と σ の値にかかわらず，その面積の値を次のようにいうことができる．それらを

---

[3]　正規曲線は次の形の式で与えられる．式の中で π は円周率である．
$$f(x) = \frac{1}{\sqrt{2\pi}\,\sigma} e^{-\frac{(x-\mu)^2}{2\sigma^2}} \qquad (-\infty < x < \infty)$$

2.4 計測値の分布

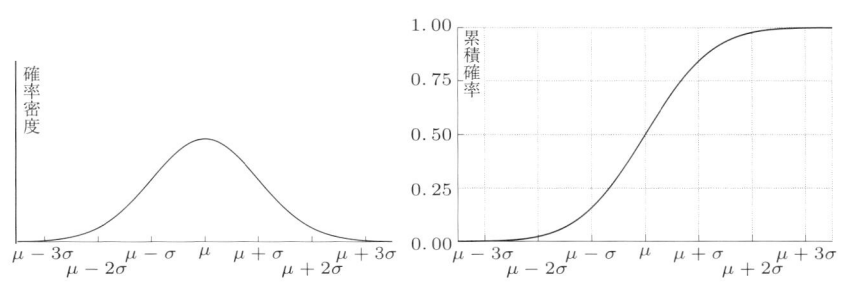

図 2.17 正規分布 $N(\mu, \sigma^2)$ の確率密度関数(左)と累積確率関数(右)

図 2.18 正規曲線 $N(\mu, \sigma^2)$ とおよその面積

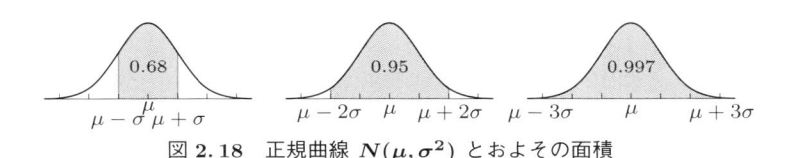

図 2.18 に示す．

(2.25a) $\mu - \sigma$ と $\mu + \sigma$ の間の正規曲線下の面積は約 0.68 である．

(2.25b) $\mu - 2\sigma$ と $\mu + 2\sigma$ の間の正規曲線下の面積は約 0.95 である．

(2.25c) $\mu - 3\sigma$ と $\mu + 3\sigma$ の間の正規曲線下の面積は約 0.997 である．

連続型変数 x が正規曲線 $N(\mu, \sigma^2)$ を確率密度関数としてもつとき，x は正規分布 $N(\mu, \sigma^2)$ に従うといい，$x \sim N(\mu, \sigma^2)$ の記号で表す．正規曲線において，μ の値は横軸上における曲線の中心の位置を決め，σ の値は曲線の広がりの程度を決める．図 2.19 は，σ の値が 1 および 2 の場合の正規曲線 $N(0, 1^2)$ と $N(0, 2^2)$ を，同じ平面上に描いたものである．$N(0, 2^2)$ の方の広がりの程度は，$N(0, 1^2)$ のそれに比べると約 2 倍であることがわかる．また，曲線下の面積はどちらも 1 であるので，グラフの中央部における高さは $N(0, 2^2)$ の方が低くなっている．このように，正規曲線の形は σ の値の大きさにより決まる．

正規曲線 $N(0, 1^2)$ は**標準正規曲線**と呼ばれる．標準正規曲線を確率密度関数にもつ確率分布を**標準正規分布**という．標準正規分布に従う確率変数は z を用いて表し，標準正規曲線を平面上に描くとき，横軸は z 軸と名づける．標準正

第 2 章 標本データの分布

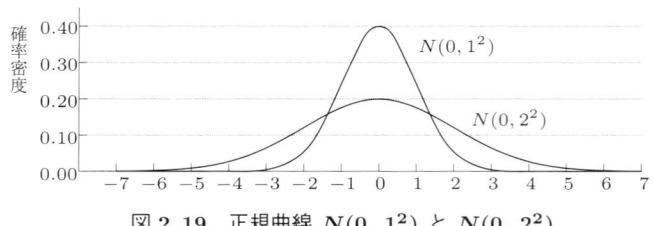

図 2.19 正規曲線 $N(0, 1^2)$ と $N(0, 2^2)$

巻末の正規分布表の一部

	*= 0	1	2	3
⋮			⋮	
1.4*	⋯	⋯	⋯	.0764
⋮			⋮	

← z の値の小数第 2 位

↑ z の値の小数第 1 位まで

$\Pr\{z > 1.43\} = 0.0764$

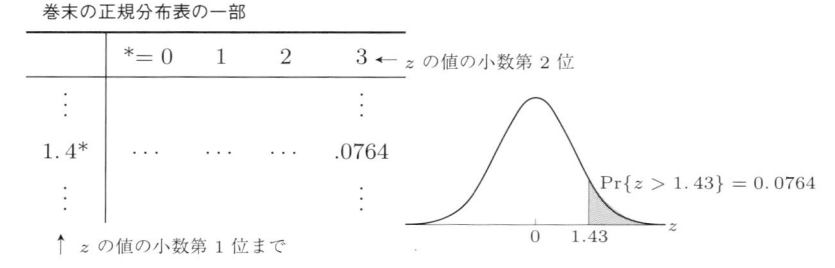

図 2.20 正規分布表の使い方

規曲線と z 軸で囲まれ，z の範囲を指定するときの図形の面積は巻末の正規分布表を利用して求められる．その面積の値は，確率変数 z の値が指定された範囲に入る確率である．例をあげて説明する．

$\Pr\{z > 1.43\}$ の値は，図 2.20 の右側の図では網掛け部分の面積に等しい．図 2.20 の左側の表において，$z = 1.43$ の小数第 1 位までの 1.4 を表の最も左側の列に求め，小数第 2 位の数 3 を最も上の行に求め，それらから右横および，下方にたどり交差するところにある .0764 を求める．このようにして見出した 0.0764 が $\Pr\{z > 1.43\}$ の値である．

次の例に移る．巻末の正規分布表より $\Pr\{z > 1.64\} = 0.0505$ である．正規曲線の左右対称性 (2.24b) により，$\Pr\{z < -1.64\} = \Pr\{z > 1.64\} = 0.0505$ となる．$\Pr\{z > 0\}$ は全面積 1 ((2.24c) による) の半分であるから 0.5 である．したがって，$\Pr\{0 < z < 1.64\} = 0.5 - \Pr\{z > 1.64\} = 0.5 - 0.0505 = 0.4495$ である．再び正規曲線の左右対称性を用いると $\Pr\{-1.64 < z < 0\} = \Pr\{0 < z < 1.64\} =$

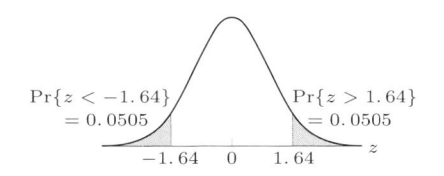

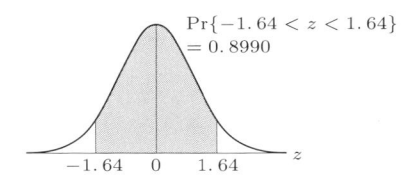

図 2.21　下側の確率 0.05，上側の確率 0.05，中央の確率 0.90

0.4495 である．そして，図 2.21 からわかるように $\Pr\{-1.64 < z < 1.64\}$ は $\Pr\{-1.64 < z < 0\}$ と $\Pr\{0 < z < 1.64\}$ の和であるから，
$$\Pr\{-1.64 < z < 1.64\} = \Pr\{-1.64 < z < 0\} + \Pr\{0 < z < 1.64\}$$
$$= 0.4495 + 0.4495 = 0.8990$$
である．まとめると，$\Pr\{z < -1.64\} = \Pr\{z > 1.64\} = 0.05$，$\Pr\{-1.64 < z < 1.64\} = 0.90$ であり，$z = \pm 1.64$ は両側確率の合計が 0.10，中央確率が 0.90 となる境界である．

問 2.11　本文の説明にならい次のことを確かめよ．
(1) $\Pr\{z < -1.96\} = \Pr\{z > 1.96\} = 0.025$，$\Pr\{-1.96 < z < 1.96\} = 0.95$ であり，$z = \pm 1.96$ は両側確率の合計が 0.05，中央確率が 0.95 となる境界である．
(2) $\Pr\{z < -2.58\} = \Pr\{z > 2.58\} = 0.005$，$\Pr\{-2.58 < z < 2.58\} = 0.99$ であり，$z = \pm 2.58$ は両側確率の合計が 0.01，中央確率が 0.99 となる境界である．

確率の値 P を指定するとき，両側確率が P となる $z(>0)$ の値を z_P と表す．また，上側確率が P となる $z(>0)$ の値を K_P と表す．すなわち，
$$\Pr\{z < -z_P\} + \Pr\{z > z_P\} = P, \qquad \Pr\{z > K_P\} = P$$
である．巻末の数表は，上側確率 P について K_P の値の一覧表である．ここまでの例について記すと，
$$z_{P=0.10} = 1.64, \quad z_{P=0.05} = 1.96, \quad K_{P=0.05} = 1.64, \quad K_{P=0.025} = 1.96$$
などである．

確率変数 x が正規分布 $N(\mu, \sigma^2)$ に従うとき，x が指定された範囲の値をとる確率を求めるには，公式を用いて，標準正規分布に従う変数 z についての確率

を求めることに帰着させる．x が $N(\mu,\sigma^2)$ に従うとき，次の(2.26)式を**標準化の公式**という．

$$z = \frac{x-\mu}{\sigma} \tag{2.26}$$

$x = x_0$ に対して，公式(2.26)により得られる z の値 $z_0 = (x_0-\mu)/\sigma$ を x_0 の **z 値**という．このとき次の(2.27)と(2.28)が成り立つことが知られている．

$$x \sim N(\mu,\sigma^2) \quad \text{ならば} \quad z = \frac{x-\mu}{\sigma} \sim N(0,\ 1^2) \tag{2.27}$$

$$x = x_0 \text{の} z \text{値を} z_0 \text{とするとき} \quad \Pr\{x > x_0\} = \Pr\{z > z_0\} \tag{2.28}$$

図 2.22 は，(2.26)式，(2.27)および(2.28)で述べている x と z の関係を説明するものである．(2.28)が成り立つので，x についてどのような範囲が与えられても，x の値がその範囲に入る確率は，標準化の公式により対応する範囲に z の値が入る確率として求めることができる．

例 2.6 $x \sim N(15, 4^2)$ のとき，(1) $\Pr\{x > 12.5\}$，(2) $\Pr\{10.8 < x < 18.2\}$ を求めてみる．

(1) $x = 12.5$ の z 値は $(12.5-15)/4 = -0.63$ であるから，$\Pr\{x > 12.5\} = \Pr\{z > -0.63\} = \Pr\{-0.63 < z < 0\} + \Pr\{z > 0\} = \Pr\{0 < z < 0.63\} + \Pr\{z > 0\} = (0.5 - \Pr\{z > 0.63\}) + \Pr\{z > 0\} = (0.5 - 0.2643) + 0.5 = 0.7357$．

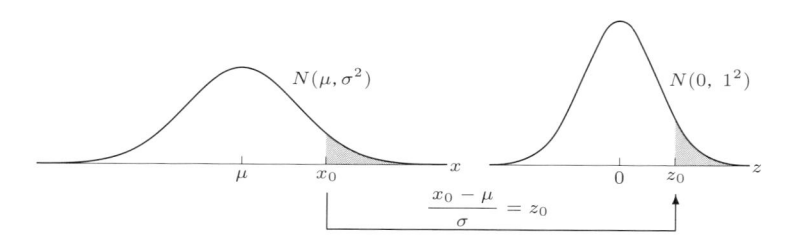

図 2.22 標準化と z 値

(2) $x = 10.8$ の z 値は $(10.8 - 15)/4 = -1.05$, $x = 18.2$ の z 値は $(18.2 - 15)/4 = 0.80$ であるから, $\Pr\{10.8 < x < 18.2\} = \Pr\{-1.05 < z < 0.80\} = \Pr\{-1.05 < z < 0\} + \Pr\{0 < z < 0.80\} = \Pr\{0 < z < 1.05\} + \Pr\{0 < z < 0.80\} = (0.5 - \Pr\{z > 1.05\}) + (0.5 - \Pr\{z > 0.80\}) = (0.5 - 0.1469) + (0.5 - 0.2119) = 0.6412$.

> **例 2.7** ある科目の試験の点数は, 平均 73 点, 標準偏差 12 点の正規分布に従っている. (1) 80 点以上の成績の学生は全体の何%いるか. (2) 上位 8% の学生に A 評価がつくとすると, A 評価を獲得するには何点以上とらなければならないかを求めてみる.

(1) 試験の点数を x とおくと, $x \sim N(73, 12^2)$. $x = 80$ の z 値は $(80-73)/12 = 0.58$. ゆえに, $\Pr\{x \geqq 80\} = \Pr\{z \geqq 0.58\} = 0.2810$. 答: 約 28%.

(2) 巻末の正規分布表から, $\Pr\{z > a\} = 0.08$ を満たす a の値を求めると, $a = 1.41$ が最も適当である. $a = 1.40$ も考慮されるが, $a = 1.40$ は上位 8% をほんの少し超えるので, 確実に上位 8% に入るためには, $a = 1.41$ の方をとるのがよい. ここで求めた a の値は $K_{P=0.08}$ である. z 値が 1.41 であるような x の値を求めるために, (2.26)式による次の方程式を立てる.

$$\frac{x - 73}{12} = 1.41$$

この方程式を解くと, $x = 89.92$. 答は 90 点以上となる.

2.5 2 項分布の正規近似

2 項分布 $B(n, p)$ の確率計算は, n が大きくなるに従って非常に複雑になる. 本節では, n が大きく, $np \geqq 5$ かつ $nq \geqq 5 \, (q = 1 - p)$ ならば[4], 2 項分布 $B(n, p)$ は, 平均 $\mu = np$ と標準偏差 $\sigma = \sqrt{npq}$ を母数とする正規分布 $N(np, (\sqrt{npq})^2)$ により近似されることを説明する.

---

[4] この 5 という値は理論的に決まる値ではなく, 経験により得られた値である.

説明のため2項分布 $B(30, 0.3)$ を例としてあげる．2項分布 $B(30, 0.3)$ の平均は $np = 30 \times 0.3 = 9$，標準偏差は $\sqrt{npq} = \sqrt{30 \times 0.3 \times 0.7} = \sqrt{6.3}$ である．図 2.23 は，$B(30, 0.3)$ の確率関数を表す棒グラフと，$B(30, 0.3)$ と同じ平均および標準偏差をもつ正規分布 $N(9, (\sqrt{6.3})^2)$ の確率密度関数の曲線を同一の平面上に描いたものである．一方は棒グラフ，他方はなめらかな曲線という違いはあるが，棒グラフの各棒の上端はほとんどすべてなめらかな曲線の近くにあるといえる．その意味では，両方のグラフは非常に似ている．2項分布 $B(30, 0.3)$ に従う確率変数を x_B，正規分布 $N(9, (\sqrt{6.3})^2)$ に従う確率変数を x_N と表すことにする．このようにグラフが似ているという性質を利用し，2項分布の確率を正規分布の確率で近似することを考える．そのために2項分布の確率関数を図 2.24 のようにヒストグラム状に描き直す．ヒストグラム状グラフの各長方形の幅は1であり，高さは確率の値である．したがって，長方形1個の面積は確率の値に一致する．例えば，図 2.24 において網掛けのある長方形は $x_B = 11$ の位置にあるので，その面積は確率 $\Pr\{x_B = 11\}$ に一致する．

図 2.25 には，正規曲線 $N(9, (\sqrt{6.3})^2)$ が重ねて描かれている．図 2.25 においては，確率 $\Pr\{10.5 < x_N < 11.5\}$ に相当するところが網掛けされている．図 2.25 の網掛けのある図形の面積は，図 2.23 において $x_B = 11$ のところにある棒の上端が正規曲線のごく近くにあるため，図 2.24 の網掛けのある長方形の面積の近似値となっていることが理解できる．このような近似を記号 $\approx$ を用いて表わすことにする．すなわち，

$$\Pr\{x_B = 11\} \approx \Pr\{10.5 < x_N < 11.5\}$$

である．この近似の程度がよいための条件が，n が大きく，$np \geqq 5$，$nq \geqq 5$ である．特に $x_B = 11$ についてだけ例示したが，x_B が他の値のときも同様であると考えられる．$0 \leqq r \leqq n$ を満たす整数 r について，

$$\Pr\{x_B = r\} \approx \Pr\{r - 0.5 < x_N < r + 0.5\}$$

と近似される．さらにいくつかの長方形の面積をまとめて近似することにより，

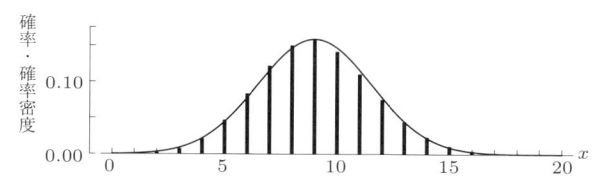

図 2.23　$B(30, 0.3)$ の確率関数と $N(9, (\sqrt{6.3})^2)$ の確率密度関数

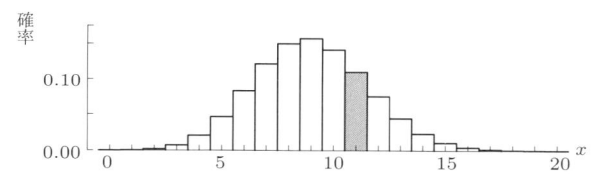

図 2.24　2 項分布 $B(30, 0.3)$ の確率関数のヒストグラム状のグラフ

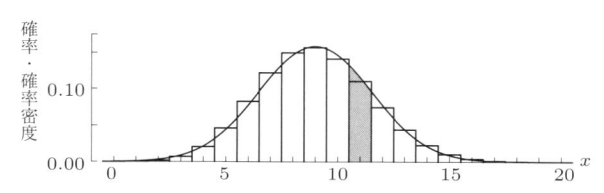

図 2.25　図 2.24 に $N(9, (\sqrt{6.3})^2)$ の確率密度関数を描く

$0 \leqq r \leqq s \leqq n$ を満たす 2 つの整数 r, s について，次のようになる．

$$\Pr\{r \leqq x_B \leqq s\} \approx \Pr\{r - 0.5 < x_N < s + 0.5\}$$

次に 2 項分布 $B(30, 0.3)$ の確率の正確な値と，正規分布 $N(9, (\sqrt{6.3})^2)$ による近似値を主要な部分について表 2.7 に示す．

第 2 章 標本データの分布

表 2.7 正規分布による 2 項分布の確率の近似

	$B(30, 0.3)$ の確率	$N(9, (\sqrt{6.3})^2)$ の確率
r	$\Pr\{x_B = r\}$	$\Pr\{r - 0.5 < x_N < r + 0.5\}$
5	0.04644	0.04509
6	0.08293	0.07803
7	0.12185	0.11543
8	0.15014	0.14600
9	0.15729	0.15790
10	0.14156	0.14600
11	0.11031	0.11543
12	0.07485	0.07803
13	0.04442	0.04509

以上をまとめると次のようになる．

確率変数 x_B は 2 項分布 $B(n, p)$ に従うとする．正規分布 $N(np, (\sqrt{npq})^2)$ に従う確率変数を x_N とする．n が大きく，$np \geqq 5$ かつ $nq \geqq 5$ が満たされるならば，整数 r, s $(0 \leqq r \leqq s \leqq n)$ に対して，2 項分布の確率 $\Pr\{r \leqq x_B \leqq s\}$ は正規分布の確率 $\Pr\{r - 0.5 < x_N < s + 0.5\}$ により近似される．

$$\Pr\{r \leqq x_B \leqq s\} \approx \Pr\{r - 0.5 < x_N < s + 0.5\} \qquad (2.29)$$

---

x_N の値の範囲を指定するとき，2 項分布で考える範囲を両方に向かって 0.5 ずつふくらませていることに注意する．n が大きいことが近似の程度がよいための条件の 1 つとなっているが，大きいとは一般的に 30 以上をいう．しかし，他の 2 条件 $np \geqq 5$, $nq \geqq 5$ が満たされているならば，n がかなり小さい場合にも，実際に計算してみれば近似の程度はよいことがわかる．

例 2.8　勝つ確率が 0.4 であるゲームを 15 回やって 8 回以上勝つ確率を求めてみる．

勝つ回数を x_B とすると，x_B は 2 項分布 $B(15, 0.4)$ に従う．したがって求める確率は，

$$\Pr\{x_B \geqq 8\} = \sum_{r=8}^{15} \frac{15!}{r!\,(15-r)!} (0.4)^r (0.6)^{15-r}$$

である.この値を求めるために (2.29) を利用する.$B(15, 0.4)$ の平均は $\mu = 15 \times 0.4 = 6$,標準偏差は $\sigma = \sqrt{15 \times 0.4 \times 0.6} = 1.90$ であるから,x_B についての確率は,正規分布 $N(6, (1.90)^2)$ に従う確率変数 x_N の確率で近似される.近似の程度がよいといわれる条件も満たされている;$np = 15 \times 0.4 = 6 \geqq 5$,$nq = 15 \times 0.6 = 9 \geqq 5$.したがって,$\Pr\{x_B \geqq 8\}$ の値は $\Pr\{x_N > 7.5\}$ により近似される.$x_N = 7.5$ の z 値は $(7.5 - 6)/1.90 = 0.79$ であるから,正規分布表により,

$$\Pr\{x_B \geqq 8\} \approx \Pr\{x_N > 7.5\} = \Pr\{z > 0.79\} = 0.2148$$

である.2 項分布の確率を直接計算して得られる値は 0.2131 であるので,近似の程度はかなりよいといえる.

$x_N \sim N(np, (\sqrt{npq})^2)$ を標準化する式において分子,分母を n で割ると,

$$z = \frac{x_N - np}{\sqrt{npq}} = \frac{x_N/n - p}{\sqrt{pq/n}}$$

となる.x_N/n は 2 項分布における割合 x_B/n を近似すると考え,x_B/n を $\hat{p}$ とおくと,正規分布による近似の条件が満たされているとき,次が成り立つ.

$$\boxed{\dfrac{\hat{p} - p}{\sqrt{pq/n}} \text{は近似的に標準正規分布 } N(0, 1^2) \text{ に従う.} \quad (2.30)}$$

例 2.9 あるスーパーマーケットの食料品コーナーの棚には,U 社製と V 社製の 500 グラム入りのプレーンヨーグルトが置かれている.過去の記録では,これらのヨーグルトの売れる割合は U 社製品が 60%,V 社製品が 40% であった.現在も変わってはいない.ある日,両社のこれら製品が合計で 400 個売れたとする.そのうち U 社製品が 56% 以下であった確率はいくらか.

売れた製品 1 個をレジの記録で U 社製品か V 社製品かを調べることを 1 回のベルヌーイの試みとみなすと,売れた U 社製品の個数 x_B は 2 項分布 $B(400, 0.6)$

に従う.ここでは割合が問題になっているので,$\hat{p} = x_B/400$ とおく.$p = 0.60$,$q = 0.40$,$n = 400$ より,$np = 400 \times 0.6 = 240$,$nq = 400 \times 0.4 = 160$ であるので,2項分布を正規分布により近似する条件は満たされている.$\hat{p} = 0.56$ として(2.30)式を計算すると,

$$\frac{0.56 - 0.60}{\sqrt{0.6 \times 0.4/400}} = -1.63$$

である.したがって,$\Pr\{\hat{p} < 0.56\} \approx \Pr\{z < -1.63\} = 0.0516$ である.

第3章
標本平均の分布

「10万人が受験した試験の平均点を考えよう．10万人から100人を無作為に抽出して計算した平均点と，1,000人を無作為に抽出して計算した平均点では，どちらが全体の平均点により近いと思うか？」

クラスでは，この質問に対して，1,000人の方がより全体に近いと考えて，1,000人分の平均点の方だと即座に答える人と，1,000人分の方と答えたいのだが，どちらにしても変動するのだからなどのように，いろいろなことを考えて判断を躊躇する人がいる．どちらも正常な感覚をもち合わせていると思う．本章では，そのような正常な感覚を補足する統計理論を学び，1,000人分の平均点の方が，全体の平均点を議論するときにはより信頼できる，ということの意味を学ぶ．

3.1 同時分布

母集団から標本を1個とり出すとき，それは母集団分布に従う．2個以上をとり出しそれらをひとまとまりとして扱うときには，同時分布という考えが必要となる．本節では，2つの変数を同時に扱うことをことを学ぶ．

x と y を離散型変数とし，それぞれは値 $x_1, x_2, \cdots, x_n$ および $y_1, y_2, \cdots, y_m$ をとるとする．x が値 x_i をとり，かつ y が値 y_j をとる確率

$$\Pr\{x = x_i, y = y_j\} = p_{ij} \quad (1 \leq i \leq n, 1 \leq j \leq m) \tag{3.1}$$

が，すべての i と j の組について決まっているとき，x と y の**同時確率分布**が与えられているという．表3.1はそれを2次元の表に記述したものである．表3.1の「計」にある p_i, q_j はそれぞれ，

表 3.1　x と y の同時確率分布

		y_1	y_2	$\cdots$	y_m	計
	x_1	p_{11}	p_{12}	$\cdots$	p_{1m}	p_1
x	x_2	p_{21}	p_{22}	$\cdots$	p_{2m}	p_2
	$\vdots$	$\vdots$	$\vdots$	$\vdots$	$\vdots$	$\vdots$
	x_n	p_{n1}	p_{n2}	$\cdots$	p_{nm}	p_n
	計	q_1	q_2	$\cdots$	q_m	1

表 3.2　x の周辺確率分布(左)と y の周辺確率分布(右)

x	x_1	x_2	$\cdots$	x_n
$\Pr\{x\}$	p_1	p_2	$\cdots$	p_n

y	y_1	y_2	$\cdots$	y_m
$\Pr\{y\}$	q_1	q_2	$\cdots$	q_m

$$p_i = \Pr\{x = x_i\} = \sum_{k=1}^{m} p_{ik} \quad (1 \leqq i \leqq n) \\ q_j = \Pr\{y = y_j\} = \sum_{\ell=1}^{n} p_{\ell j} \quad (1 \leqq j \leqq m) \tag{3.2}$$

である. (3.2)は x と y それぞれに誘導される確率分布である. 誘導される確率分布は**周辺確率分布**と呼ばれる. 表 3.2 は x, y それぞれの周辺確率分布を表にしたものである.

$g(x,y)$ を x と y で表される式とするとき, $g(x,y)$ の期待値 $E[g(x,y)]$ を

$$E[g(x,y)] = \sum_{i=1}^{n} \sum_{j=1}^{m} g(x_i, y_j) p_{ij} \tag{3.3}$$

により定義する. このように定義するとき, x, y で表される 2 つの式 $g(x,y)$, $h(x,y)$ および定数 a, b について次の式が成り立つことは容易にわかる.

$$E[ag(x,y) + bh(x,y)] = aE[g(x,y)] + bE[h(x,y)] \tag{3.4}$$

$g(x,y)$ が x だけで表されている場合, 例えば $g(x,y) = x$ の場合 $E[g(x,y)]$ は 2 通りに計算される. 表 3.1 の同時確率分布に基づくと,

$$E[g(x,y)] = E[x] = \sum_{i=1}^{n} \sum_{j=1}^{m} x_i p_{ij}$$

と計算され，表 3.2 の x の周辺確率分布に基づくと，

$$E[g(x,y)] = E[x] = \sum_{i=1}^{n} x_i p_i$$

と計算される．これら 2 通りの計算結果は，同時確率分布と周辺確率分布の関係式 (3.2) から明らかに一致する．このように，同時確率分布により定義される期待値は，周辺確率分布というつながりを保つなら，第 2 章の (2.15) 式において定義された期待値と整合性をもつ．

すべての i と j の組で，(3.1), (3.2) 式における p_{ij}, p_i, q_j について，

$$p_{ij} = \Pr\{x = x_i, y = y_j\} = \Pr\{x = x_i\} \Pr\{y = y_j\} = p_i q_j \qquad (3.5)$$

が満たされているとき，x と y は**独立**であるという．

x と y を独立な離散型確率変数とするとき，

$$E[xy] = E[x]E[y] \qquad (3.6)$$

が成り立つ．それは，表 3.1 の x, y の同時確率分布と表 3.2 の x, y それぞれの周辺確率分布に基づき，$E[xy]$, $E[x]$ および $E[y]$ の計算を行い，それらの結果を $p_{ij} = p_i q_j$ であることに注意し，比較することにより示すことができる．

任意の定数 c について，

$$E[c] = c \qquad (3.7)$$

であることは期待値の定義から明らかである．

$E[x] = \mu_x$, $E[y] = \mu_y$ とおく．$E[(x - \mu_x)(y - \mu_y)]$ は x と y の**共分散**と呼ばれ，$Cov[x, y]$ と表される．とくに，$y = x$ のときには $Cov[x, y]$ は x の分散 $V[x]$ に一致する．すなわち，

$$Cov[x, x] = V[x]$$

となる．

x と y が独立ならば, (3.6)式を用いるとき, 次の (3.8)式に示されるように, それらの共分散は 0 となる.

$$\begin{aligned}
E[(x-\mu_x)(y-\mu_y)] &= E[xy - \mu_y x - \mu_x y + \mu_x \mu_y] \\
&= E[xy] - E[\mu_y x] - E[\mu_x y] + E[\mu_x \mu_y] \\
&= E[x]E[y] - \mu_y E[x] - \mu_x E[y] + \mu_x \mu_y \quad (3.8) \\
&= \mu_x \mu_y - \mu_y \mu_x - \mu_x \mu_y + \mu_x \mu_y \\
&= 0
\end{aligned}$$

a と b を定数とし, x と y を離散型確率変数とする. このとき, (3.4)式により $E[ax+by] = aE[x] + bE[y] = a\mu_x + b\mu_y$ であるから, x と y が独立ならば, $ax+by$ の分散 $V[ax+by]$ は次のように計算される. 計算の途中において, (3.8)式による, x と y の共分散は 0 であることを用いる.

$$\begin{aligned}
V[ax+by] &= E[\{(ax+by) - (a\mu_x + b\mu_y)\}^2] \\
&= E[\{a(x-\mu_x) + b(y-\mu_y)\}^2] \\
&= E[a^2(x-\mu_x)^2 + 2ab(x-\mu_x)(y-\mu_y) + b^2(y-\mu_y)^2] \\
&= a^2 E[(x-\mu_x)^2] + 2ab E[(x-\mu_x)(y-\mu_y)] + b^2 E[(y-\mu_y)^2] \\
&= a^2 V[x] + b^2 V[y]
\end{aligned}$$

すなわち,

$$V[ax+by] = a^2 V[x] + b^2 V[y] \quad (3.9)$$

が成り立つ.

例 3.1 公平なコイン 1 枚と, 公平なサイコロ 1 個を同時に投げる. x をコインの表の回数, すなわち表が出れば 1, 裏が出れば 0 とする. y はサイコロの出た目とする. x と y の同時確率分布は表 3.3 のとおりである. この同時確率分布は, x, y のどの値の組も同様の確からしさで出現する, という仮定により定められたものである. また, この同時確率分布については, (3.5) の独立性の条件が満たされる. したがって, x と y は独立であ

る. $w = 2x + 3y$ とおくとき,$E[w] = 2E[x] + 3E[y]$ が成り立つことと,$E[xy] = E[x]E[y]$ が成り立つことを確かめる.

表 3.3 コインの表裏(x)とサイコロの目(y)の同時確率分布

		\multicolumn{6}{c}{y}	計
		1	2	3	4	5	6	
x	0	1/12	1/12	1/12	1/12	1/12	1/12	1/2
	1	1/12	1/12	1/12	1/12	1/12	1/12	1/2
計		1/6	1/6	1/6	1/6	1/6	1/6	1

$$E[w] = \{(2 \cdot 0 + 3 \cdot 1) \cdot (1/12) + \cdots + (2 \cdot 0 + 3 \cdot 6) \cdot (1/12)\}$$
$$+ \{(2 \cdot 1 + 3 \cdot 1) \cdot (1/12) + \cdots + (2 \cdot 1 + 3 \cdot 6) \cdot (1/12) = 23/2$$

一方,$E[x] = 1/2$, $E[y] = 7/2$ である.したがって,$E[w] = 2E[x] + 3E[y]$ が成り立つことが確認される.次の計算により,$E[xy] = E[x]E[y]$ が成り立っていることが確認される.

$$E[xy] = (0 \cdot 1) \cdot (1/12) + (0 \cdot 2) \cdot (1/12) + \cdots + (0 \cdot 6) \cdot (1/12)$$
$$+ (1 \cdot 1) \cdot (1/12) + (1 \cdot 2) \cdot (1/12) + \cdots + (1 \cdot 6) \cdot (1/12) = 7/4$$

次に,2 つの連続型変数の同時確率分布について簡単に要点を述べる.2.4 節で解説したように,1 つの連続型変数の確率分布を記述するとき,確率密度関数が用いられる.2 つの連続型変数の同時確率分布を記述するためにも,x,y の 2 つの変数で表され,ある条件を満たす関数 $f(x, y)$ が確率密度関数として採用される.しかし,ここでは 2 つの変数の確率密度関数には触れずに,同時確率分布を説明する.x と y を連続型変数とすると,同時確率は次のように述べることができる.任意の実数 a, b, c, d ($a < b$, $c < d$) に対して,$a < x < b$ かつ $c < y < d$ である確率,

$$\Pr\{a < x < b, c < y < d\}$$

が定められているとき,x と y の**同時確率分布**が与えられているという.同時

確率分布から，x, y それぞれに，

$$\Pr\{a<x<b\} = \Pr\{a<x<b, -\infty<y<\infty\}$$
$$\Pr\{c<y<d\} = \Pr\{-\infty<x<\infty, c<y<d\} \quad (3.10)$$

により確率分布を誘導するとき，それを**周辺確率分布**という．x と y の同時確率分布と，それぞれの周辺確率分布との間に，ある特別の関係が成り立つとき，x と y は独立であるといわれる．そのような定義に基づくと，x と y が独立であるときの同時確率分布と，x, y の周辺確率分布との間で，任意の実数 a, b, c, d $(a<b, c<d)$ について，

$$\Pr\{a<x<b,\ c<y<d\} = \Pr\{a<x<b\}\Pr\{c<y<d\} \quad (3.11)$$

が成り立つことが知られている．

連続型確率変数の期待値については 2.4.1 項で概要を述べたが，同時確率分布が与えられている 2 つの連続型確率変数 x, y で表される式 $g(x,y)$ についても，$g(x,y)$ の期待値が定義される．また，共分散も離散型確率変数のときと同様に定義される．そして，x と y が独立ならば，$E[xy]=E[x]E[y]$ が成り立ち，したがって，それらの共分散は，$E[(x-\mu_x)(y-\mu_y)]=0$ となる．

ここで期待値について，離散型，連続型に共通して成り立つ事柄をまとめる．

変数 x, y の同時確率分布が定まっているとする．$g(x,y)$ と $h(x,y)$ を x と y で表される式とし，a, b, c を定数とする．このとき，次が成り立つ．

$$E[c] = c \quad (3.12\mathrm{a})$$
$$E[ag(x,y)+bh(x,y)] = aE[g(x,y)] + bE[h(x,y)] \quad (3.12\mathrm{b})$$
$$x \text{ と } y \text{ が独立ならば } V[ax+by] = a^2V[x] + b^2V[y] \quad (3.12\mathrm{c})$$

---

2 つの確率変数について同時確率分布を考えてきたが，この考えはそのまま 3 個以上の確率変数の場合にも拡張される．次節以降では，各々の確率変数が独立に値をとる場合に限って同時確率分布を考える．その場合，同時確率分布

を，変数それぞれの確率分布の確率の積，あるいは確率密度の積をとることにより，(3.5)式あるいは(3.11)式を満たすように構成する．

3.2 不偏推定量

2項分布は母数 n と p が決まれば分布のすべてが確定する．一様分布は母数 a と b が，正規分布においては母数 μ と σ が決まればそれぞれの分布が決まる．統計学の主要な任務の1つは，これらの母数のすべてあるいは一部が未知の場合，母集団から一組の無作為標本をとり出し，その標本データから得られる情報に基づき母数の値を推測することである．母集団は2項分布，一様分布，正規分布，あるいは他の何らかの形の確率分布に従うなどの前提をおいた上で，その確率分布を決める母数についての命題が議論される．

母集団から標本を抽出するとき，**大きさ n の無作為標本**をとる，あるいは選ぶという言い方をする．「大きさ n」，「無作為に」の意味については既に第1章で学んだが，特にここで注意する点は2つある．1つは，複数個の標本をとり出すとき，標本抽出には標本相互には全く関連性をもたせず，1個1個無作為に，そして独立にとり出すということである．もう1つは，どの標本をとり出すときにも，母集団は全く同一の状態であるということである．母集団が少ない個数の個体からなるときには，ある1個をとり出す前ととり出した後では母集団の分布は一般に異なる．大きさ n の無作為標本という場合は，母集団は無限個の個体からなるか，あるいは有限であっても十分な個数の個体を含んでおり，ここで扱う大きさの標本抽出では分布は影響されず，常に同一の状態で標本抽出ができるという意味も含んでいる．

平均 μ，標準偏差 σ の母集団から抽出する大きさ n の無作為標本を x_1, x_2, $\cdots$, x_n とする．

$$\bar{x} = \frac{1}{n} \sum_{i=1}^{n} x_i = \frac{1}{n}(x_1 + x_2 + \cdots + x_n) \tag{3.13}$$

を標本平均とする．この段階では，x_1, x_2, $\cdots$, x_n は具体的な値ではなく，大

きさ n の無作為標本を1組抽出したときに，それらの値を代入する式だと考える．このように x_1, x_2, $\cdots$, x_n を変数として含む式を**統計量**という．標本平均は統計学で最も基本的かつ重要な統計量の1つである．母集団から大きさ n の無作為標本を繰り返し抽出し，$\overline{x}$ の式に代入するとその値は変動する．本節の目的は，その変動の中心と幅が，母集団の平均 μ，標準偏差 σ とどのような関係にあるかを知ることである．

第 i 番目の x_i だけを考えるとき，それは平均 μ，標準偏差 σ の母集団からの標本であるから，

$$E[x_i] = \mu, \quad V[x_i] = E[(x_i - \mu)^2] = \sigma^2$$

である．x_1, x_2, $\cdots$, x_n は母集団から独立に選ばれる大きさ n の標本であるから，前節の最後に述べたように，それぞれの確率の積あるいは確率密度の積を考え，同時確率分布を構成すると，x_1, x_2, $\cdots$, x_n は独立な確率変数となる．標本平均 $\overline{x}$ の期待値 $E[\overline{x}]$ について(3.12b)を利用することにより，

$$E[\overline{x}] = E\left[\frac{1}{n}\sum_{i=1}^{n} x_i\right] = \frac{1}{n}\sum_{i=1}^{n} E[x_i] = \frac{1}{n}(n\mu) = \mu$$

となる．このように標本平均の期待値は母集団の平均に等しい．この性質を，標本平均は母平均 μ の**不偏推定量**であるという．$E[\overline{x}]$ は $\mu_{\overline{x}}$ とも記す．

標本平均 $\overline{x}$ の分散 $V[\overline{x}]$ は，x_1, x_2, $\cdots$, x_n が独立であるから，(3.12c) 式を繰り返し適用することにより，次のように計算される．

$$\begin{aligned} V[\overline{x}] &= V\left[\frac{1}{n}x_1 + \frac{1}{n}x_2 + \cdots + \frac{1}{n}x_n\right] \\ &= \frac{1}{n^2}V[x_1] + \frac{1}{n^2}V[x_2] + \cdots + \frac{1}{n^2}V[x_n] \\ &= \frac{1}{n^2}\sigma^2 + \frac{1}{n^2}\sigma^2 + \cdots + \frac{1}{n^2}\sigma^2 \\ &= n\left(\frac{1}{n^2}\sigma^2\right) = \frac{\sigma^2}{n} \end{aligned} \quad (3.14)$$

したがって，次の定理 3.1 が成り立つ．

定理 3.1 平均 μ, 標準偏差 σ の母集団からの大きさ n の無作為標本に基づく標本平均 $\bar{x}$ を考える. $\bar{x}$ の平均 $\mu_{\bar{x}}$ と標準偏差 $\sigma_{\bar{x}}$ はそれぞれ

$$\mu_{\bar{x}} = E[\bar{x}] = \mu, \quad \sigma_{\bar{x}} = \sqrt{V[\bar{x}]} = \frac{\sigma}{\sqrt{n}} \tag{3.15}$$

である.

定理 3.1 の命題を模擬実験で確認してみる. 2.4.1 項で例示した駅での電車の待ち時間の問題において，1 人が時計を見ずに駅へ行くとき，電車の待ち時間は一様分布 $U(0, 8)$ に従うのであった．一様分布 $U(0, 8)$ について，理論平均 μ と理論分散 σ^2 の値は (2.23) 式により，

$$\mu = \frac{0+8}{2} = 4.00, \quad \sigma^2 = \frac{(8-0)^2}{12} = 5.33$$

である．さて，30 人の学生がお互いに連絡をとり合うことを全くせずに，独立して駅に行くとする．これら 30 人の学生の待ち時間の平均はどのようなものであろうか．これは，一様分布 $U(0, 8)$ から大きさ 30 の無作為標本を選び，標本平均を調べることである．表 3.4 は，上のような調査を 300 回模擬的に行い得られたデータと，各回の標本平均および標本分散をまとめたものである．表の横 1 行のデータは，独立に行動する 30 人の学生それぞれの待ち時間と，30 人分の待ち時間の標本平均と標本分散である．これは，コンピュータにより一様

表 3.4　駅での待ち時間の模擬データ

回	30 人の待ち時間(単位：分)					標本平均	標本分散
	x_1	x_2	x_3	$\cdots$	x_{29}　x_{30}		
1	0.15	7.39	4.10	$\cdots$	0.84　5.85	3.98	4.65
2	5.39	4.31	7.45	$\cdots$	1.54　0.65	4.06	5.61
3	7.03	2.44	7.24	$\cdots$	5.72　0.40	4.93	5.28
$\vdots$	$\vdots$	$\vdots$	$\vdots$	$\vdots$	$\vdots$　$\vdots$	$\vdots$	$\vdots$
300	6.46	1.84	1.96	$\cdots$	4.70　5.89	5.24	3.25
300 個の標本平均の平均と 300 個の標本分散の平均						3.95	5.40
300 個の標本平均の分散 $\tilde{s}_{\bar{x}}^2$						0.153	—

分布 $U(0, 8)$ に従う乱数を発生させて作成したものである．確率分布を指定してコンピュータにその分布に従う乱数を 1 個発生させることは，その分布に従う母集団から無作為に 1 個の標本をとり出すことに相当する．

標本平均の縦の列を見ると，値は 3.98, 4.06, 4.93, ⋯, 5.24 と変動している．表にはすべては記載していないが，300 個の標本平均を得ており，それらの平均 $\bar{\bar{x}}$ と分散 $\tilde{s}_{\bar{x}}^2$ を計算したところ，それぞれの値は，

$$\bar{\bar{x}} = 3.95, \qquad \tilde{s}_{\bar{x}}^2 = 0.153$$

であった．$\bar{\bar{x}}$ の値は母集団 $U(0, 8)$ の理論平均である 4 に近い．分散 $\tilde{s}_{\bar{x}}^2$ の値 0.153 は定理 3.1 で述べた理論値 $\sigma_{\bar{x}}^2 = 5.33/30 = 0.178$ に近いといえるかどうか一概に判定できない．しかし $\bar{x}$ の変動は，x の変動の大きさに対して理論を支持するに足るほど小さくなっているといえる．標本平均の値は，母集団の平均を中心として変動し，その変動の幅は n が大きくなるに従って小さくなる．n が大きくなるに従い，標本平均は母平均の推定値としてはより信頼できるものとなるといえる．

次に標本分散

$$s^2 = \frac{1}{n-1} \sum_{i=1}^n (x_i - \bar{x})^2$$

について，

$$E[s^2] = \sigma^2 \qquad (3.16)$$

が成り立つことを示す．$(x_i - \bar{x})^2$ は次のように分解される．

$$\begin{aligned}(x_i - \bar{x})^2 &= \{(x_i - \mu) - (\bar{x} - \mu)\}^2 \\ &= (x_i - \mu)^2 - 2(x_i - \mu)(\bar{x} - \mu) + (\bar{x} - \mu)^2 \\ &= (x_i - \mu)^2 - 2(x_i - \mu)(\frac{1}{n}\sum_{k=1}^n x_k - \mu) + (\bar{x} - \mu)^2 \\ &= (x_i - \mu)^2 - \frac{2}{n}(x_i - \mu)^2 - \frac{2}{n}\sum_{k \neq i}(x_i - \mu)(x_k - \mu) + (\bar{x} - \mu)^2\end{aligned}$$

ここで，$E[(x_i-\mu)^2] = \sigma^2$, $E[(x_i-\mu)(x_k-\mu)] = 0$ $(k \neq i)$ および $E[(\bar{x}-\mu)^2] = \sigma^2/n$ (定理 3.1) であることを用いると，

$$E[(x_i - \overline{x})^2] = \frac{n-1}{n}\sigma^2$$

となる．上式の両辺それぞれについて，i を 1 から n まで動かし和をとり，その結果を $(n-1)$ で割ると (3.16) 式が得られる．したがって，標本分散は母分散の不偏推定量である．この性質より，標本分散は**不偏分散**とも呼ばれる．

表 3.4 の標本分散の列に注目すると，その値は上から順に 4.65, 5.61, 5.28, ⋯, 3.25 と変動している．これらについても 300 個分の標本分散の値について平均を計算したところ，

300 個の標本分散の値の平均 = 5.40

であった．この値は母分散の値 5.33 に近いといえる．このことは (3.16) 式が成り立つことを示している．このことから母平均の推測には標本平均が用いられる．また，母分散の推測のためには標本分散が用いられることが多い．その理由の 1 つは，標本平均，標本分散に備わっている，母平均，母分散に対する不偏性である．次節では標本平均に焦点を当て，定理 3.1 の内容を発展させる．

3.3 標本平均の分布

統計的方法の実際の応用においては，無作為標本を複数組とることはせず，ただ 1 組の無作為標本に基づく標本平均の値から母平均の値について言及する．それを可能とするためには，手許に得た標本平均の値を理論に照らして理解する必要がある．本節では，標本平均の理論分布を知るために，無作為標本抽出をコンピュータを利用して模擬実験し，その結果を手がかりに考察する．

平均 μ と標準偏差 σ の値を定め，正規分布 $N(\mu, \sigma^2)$ に従う乱数を求めることは，コンピュータを利用して容易に行うことができる．この機能を利用し，正規分布 $N(20, 4^2)$ に従う母集団から大きさ 4 の無作為標本を 300 組抽出する模擬実験を行った．表 3.5 は，途中が省略されているが，そのデータの 1 部である．表の下方部 2 行に記載されている数値は，大きさ 4 の標本それぞれの標本平均 300 個の値についての平均と分散である．表 3.6 はそれら 300 個の標本平

第 3 章 標本平均の分布

表 3.5　$N(20, 4^2)$ から大きさ 4 の標本の抽出実験

回	x_1	x_2	x_3	x_4	標本平均
1	15.4	25.6	18.6	16.8	19.1
2	20.7	17.2	22.7	20.5	20.2
3	11.6	22.8	25.0	26.6	21.5
⋮	⋮	⋮	⋮	⋮	⋮
300	17.9	21.3	23.5	14.4	19.2
	標本平均の値 300 個についての平均				20.0
	標本平均の値 300 個についての分散				3.52

表 3.6　表 3.5 の標本平均 300 個についての度数分布表

階　級	階級値	度　数	相対度数
12.5 〜 13.5	13.0	1	0.003
13.5 〜 14.5	14.0	0	0.000
14.5 〜 15.5	15.0	0	0.000
15.5 〜 16.5	16.0	9	0.030
16.5 〜 17.5	17.0	18	0.060
17.5 〜 18.5	18.0	37	0.123
18.5 〜 19.5	19.0	60	0.200
19.5 〜 20.5	20.0	62	0.207
20.5 〜 21.5	21.0	51	0.170
21.5 〜 22.5	22.0	36	0.120
22.5 〜 23.5	23.0	15	0.050
23.5 〜 24.5	24.0	10	0.033
24.5 〜 25.5	25.0	1	0.003

均を度数分布表に分類したものである．

図 3.1 において，中央部の高さの低い方の曲線は母集団分布 $N(20, 4^2)$ の確率密度関数である．図の中の棒グラフは度数分布表（表 3.6）をヒストグラムにしたものである．母集団分布の $N(20, 4^2)$ のグラフとヒストグラムの外形を見ることにより，およそ次のことがわかる．

- ヒストグラムの中心の位置は，母集団分布の平均値 20 の近辺である．
- ヒストグラムの広がりは，母集団分布の広がりの半分程度である．
- 分布の姿は中央が高く，左右対称で両側はなだらかに下がっている．

実際この観察は正しく，理論的に次の定理が成り立つことが知られている．

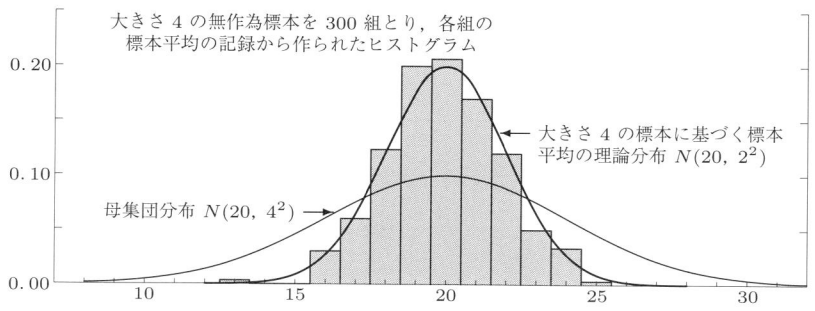

3.3 標本平均の分布

図中ラベル:
- 大きさ4の無作為標本を300組とり，各組の標本平均の記録から作られたヒストグラム
- 大きさ4の標本に基づく標本平均の理論分布 $N(20, 2^2)$
- 母集団分布 $N(20, 4^2)$

ヒストグラムの高さは相対度数による．各階級の幅が1であり，したがってヒストグラムの全面積が1となっているため，縦軸の目盛りは確率密度と相対度数に共用されている．

図 3.1 正規母集団の分布と，大きさ4の標本に基づく標本平均のヒストグラム

> **定理 3.2** 母集団が正規分布 $N(\mu, \sigma^2)$ に従うならば，大きさ n の無作為標本に基づく標本平均 $\bar{x}$ は，平均 μ，標準偏差 $\sigma/\sqrt{n}$ の正規分布 $N(\mu, (\sigma/\sqrt{n})^2)$ に従う．

例示の標本平均は，定理 3.2 によれば正規分布 $N(20, (4/\sqrt{4})^2) = N(20, 2^2)$ に従う．図 3.1 において，中央部の高さの高い方の曲線が $N(20, 2^2)$ の正規曲線であり，表 3.6 のヒストグラムはこの曲線に近いことがわかる．

> **例 3.2** 母集団は正規分布 $N(60, 14^2)$ に従うとする．(1) 大きさ 16 の無作為標本に基づく標本平均を $\bar{x}$ とするとき，$\Pr\{58 < \bar{x} < 62\}$ を求めよ．(2) 大きさ 64 の無作為標本に基づく標本平均を $\bar{x}'$ と表すとき，$\Pr\{58 < \bar{x}' < 62\}$ を求めよ．

(1) $n = 16$ であるから，定理 3.2 によれば $\bar{x}$ は正規分布 $N(60, (14/\sqrt{16})^2) = N(60, 3.5^2)$ に従う．標準化の式は $z = (\bar{x} - 60)/3.5$ である．$\bar{x} = 58$ の z 値は $(58-60)/3.5 = -0.57$，$\bar{x} = 62$ の z 値は $(62-60)/3.5 = 0.57$ である．$\Pr\{58 < \bar{x} < 62\} = \Pr\{-0.57 < z < 0.57\} = 0.4314$．

(2) $n = 64$ であるから，$\bar{x}'$ は正規分布 $N(60, (14/\sqrt{64})^2) = N(60, 1.75^2)$

に従う.標準化の式は $z = (\overline{x}' - 60)/1.75$ である.$\overline{x}' = 58$ の z 値は $(58 - 60)/1.75 = -1.14$,$\overline{x}' = 62$ の z 値は $(62 - 60)/1.75 = 1.14$ である.$\Pr\{58 < \overline{x}' < 62\} = \Pr\{-1.14 < z < 1.14\} = 0.7458$ である.

母集団が正規分布に従うことがわかっている場合は,定理 3.2 で述べたとおり,無作為標本に基づく標本平均の分布も正規分布に従う.母集団が必ずしも正規分布に従うとは限らない場合であっても,標本平均の分布は,n が大きいなら,近似的に正規分布に従うことが知られている.それは定理 3.3 のとおりである.定理 3.3 は**中心極限定理**と呼ばれている.

> **定理 3.3**　母集団は平均 μ,標準偏差 σ のある分布に従うとする.このとき,大きさ n の無作為標本に基づく標本平均 $\overline{x}$ の分布は,n が大きくなるとき,平均 μ,標準偏差 $\sigma/\sqrt{n}$ の正規分布に近づく.

必ずしも正規分布に従わない母集団からの模擬的標本抽出実験を行うことにより,定理 3.3 の意味するところを確認する.前節で電車の待ち時間の例として一様分布 $U(0, 8)$ を設定したが,ここでも同じ母集団と標本抽出の結果を用いる.母集団 $U(0, 8)$ の平均 μ と標準偏差 σ の値は,$\mu = 4$,$\sigma = 2.31$ である.この母集団から大きさ 30 の無作為標本を抽出する操作を 300 回行い,表 3.4 のデータを得た.表 3.4 の右から 2 列目に記載されている各回の標本平均の値 300 個を分類し,度数分布表(表 3.7)を作成した.そのヒストグラムが図 3.2 である.ただし,今回はヒストグラムと確率密度とのグラフを合わせるために,各棒の高さを相対度数の値の 4 倍としている.計算によれば,標本平均 300 個について,その平均 $\overline{\overline{x}}$ と標準偏差 $\tilde{s}_{\overline{x}}$ の値はそれぞれ,

$$\overline{\overline{x}} = 3.95, \qquad \tilde{s}_{\overline{x}} = \sqrt{\tilde{s}_{\overline{x}}^2} = \sqrt{0.153} = 0.39$$

であった.定理 3.3 によれば,標本平均 $\overline{x}$ の分布は,平均 4.00,標準偏差 $2.31/\sqrt{30} = 0.42$ の正規分布に近い.ヒストグラムと同じ図 3.2 に,正規分布 $N(4.00, 0.42^2)$ の曲線を描いた.母集団の分布 $U(0, 8)$ は,正規分布とは異なるが,標本平均の分布は中央が高く,両側は低くなっている.これは,定理 3.3

3.3 標本平均の分布

表 3.7 表 3.4 の大きさ 30 の無作為標本に基づく標本平均の度数分布表

階　級	階級値	度　数	相対度数
2.625 〜 2.875	2.75	1	0.003
2.875 〜 3.125	3.00	2	0.007
3.125 〜 3.375	3.25	19	0.063
3.375 〜 3.625	3.50	47	0.157
3.625 〜 3.875	3.75	55	0.183
3.875 〜 4.125	4.00	76	0.253
4.125 〜 4.375	4.25	62	0.207
4.375 〜 4.625	4.50	26	0.087
4.625 〜 4.875	4.75	8	0.027
4.875 〜 5.125	5.00	3	0.010
5.125 〜 5.375	5.25	1	0.003

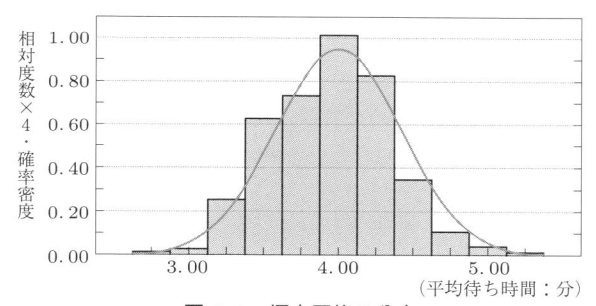

図 3.2 標本平均の分布

がこの場合にも当てはまることを示すものである．なお，定理 3.3 の応用には，標本の大きさ n が 30 以上であれば，標本平均 $\bar{x}$ は正規分布 $N(\mu, (\sigma/\sqrt{n})^2)$ に従うとしてよい．この 30 という基準は，経験的に得られたものである．

例 3.3 ある型の乗用車について，一定の条件を設定して走行テストを行うときの，燃料 1 リットル当たりの走行距離を問題にする．この走行テストにおける 1 リットル当たりの走行距離の標準偏差は，0.3 キロメートルであることが知られているとする．この型の乗用車 30 台を走行テストにかけるときの 1 リットル当たりの平均走行距離が，この型の乗用車全体の平均走行距離と 0.1 キロメートル以上異なる確率を求めよ．

全体の平均走行距離を μ キロメートル，走行テストした 30 台の乗用車の

平均走行距離を $\bar{x}$ キロメートルとする．標本の大きさは 30 であるので，定理 3.3 より $\bar{x}$ は正規分布 $N(\mu,(0.3/\sqrt{30})^2) = N(\mu, 0.055^2)$ に従うとみなしてよい．求める確率は，$\Pr\{\bar{x} < \mu - 0.1\}$ と $\Pr\{\bar{x} > \mu + 0.1\}$ の和である．標準化の式は $z = (\bar{x} - \mu)/0.055$ であるから，$\bar{x} = \mu - 0.1$ の z 値は $\{(\mu - 0.1) - \mu\}/0.055 = -0.1/0.055 = -1.82$ である．したがって，$\Pr\{\bar{x} < \mu - 0.1\} = \Pr\{z < -1.82\} = 0.0344$ である．同様に，$\Pr\{\bar{x} > \mu + 0.1\} = 0.0344$ を得る．よって，求める確率は $\Pr\{\bar{x} < \mu - 0.1\} + \Pr\{\bar{x} > \mu + 0.1\} = 0.0344 + 0.0344 = 0.0688$ である．30 台の平均走行距離が全体の平均走行距離と 0.1 キロメートル以上異なる確率は約 0.07 である．

母集団の平均，分散，標準偏差をそれぞれ母平均，母分散，母標準偏差と呼ぶ．本章では，標本平均と呼ばれる統計量がどのように変動するかについて学んだ．その際，変動の中心は母平均であること，変動の大きさを表す標準偏差については，母標準偏差を標本の大きさの平方根で割ったものであることを学んだ．したがって，大きさ 100 の標本に基づく標本平均と，大きさ 1,000 の標本に基づく標本平均の変動を見れば，後者の標本平均の変動の方が小さい．そのため，後者の標本平均の方が母平均の推定値としてはより信頼できるといえる．さらにある条件が満たされれば，標本平均の分布は正規分布に従うとみなされるので，信頼の程度を確率的に表現することも可能となる．ここまでの議論では，母標準偏差が既知であることを暗黙に前提としていた．しかし，現実には母平均も母標準偏差もともに未知である．母標準偏差が未知の場合に，標本平均から母平均を推測するために本章の理論を同じように展開するなら，母分散を推定する必要があり，統計量として標本分散も利用しなければならない．その場合の理論と応用は第 4 章以降で学ぶことにする．

第4章
統計量の分布

　第2章では，母集団分布が正規分布であれば，分布の平均 μ と分布の標準偏差 σ が決まれば確率分布の形が定まり，母集団分布が2項分布であればその確率分布の形は母集団の不良率 p とサンプル数 n で定まることを説明した．そして，このような母集団分布を特徴づける定数を**母数**(parameter) と呼び，例えば，高校別の学業成績を母集団としたときに，母集団で学業成績の善し悪しを比べることは，これらの母数を比較することになる．

　また，集団からサンプリングした標本データから導いた標本平均 $\bar{x}$ や標準偏差 s は，母集団の母数である μ や σ とは異なり，サンプリングした標本によって少しずつ変動する．すなわち，標本の平均 $\bar{x}$ や標準偏差 s は標本の関数となり，このような量を**統計量**(statistics) という．統計量は標本をとるたびに異なった値となるが，この標本がランダム・サンプリング，すなわち無作為抽出されていれば第3章で説明したように1つの確率分布に従う．また，母集団分布が正規分布で近似できる場合には，無作為抽出によって得られた標本の平均 $\bar{x}$ や標準偏差 s などの統計量の分布が定まり，そこから μ や σ などの母数を推測することができる．第4章では母数の推測に必要な統計量の分布と内容について紹介する．

4.1　母分散が既知の標本平均の分布 $-z$ 分布

　第3章で説明した標本平均 $\bar{x} = \dfrac{x_1 + x_2 + \cdots + x_n}{n}$ の分布について要約する．

第 4 章　統計量の分布

> [統計量の分布 1：標準正規分布]
> 　大きさ n の標本の測定値（確率変数）$x_1, x_2, \cdots, x_n$ が正規分布 $N(\mu, \sigma^2)$ に従うとき，平均 $\bar{x}$ は正規分布 $N(\mu, \sigma^2/n)$ に従う．そして，$\bar{x}$ を標準化すると，
> $$z = \frac{\bar{x} - \mu}{\sqrt{\sigma^2/n}} \tag{4.1}$$
> は標準正規分布に従う．

　図 4.1 からわかるように，(a) の x_i の分布に対して (b) の $\bar{x}$ の分布は母平均が同じであるが，ばらつきが小さくなっている．n を大きくすれば，$\bar{x}$ の分布のばらつきはもっと小さくなり，$\bar{x}$ は μ 付近の値になる．このことより，$\bar{x}$ が μ の推測として妥当であり，n を大きくすると推測が正確になることがわかる．

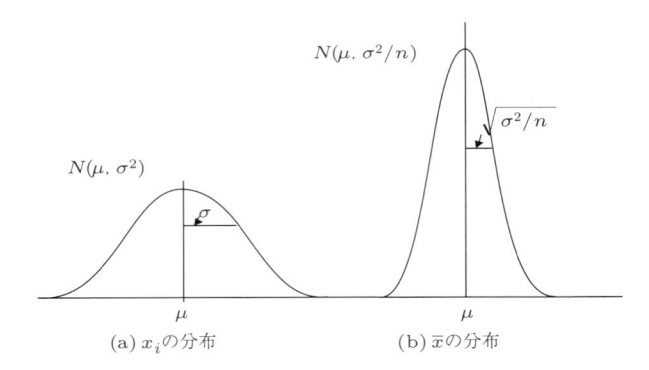

図 4.1　x_i の分布と $\bar{x}$ の分布との関係

4.2 σ^2の代わりに標本分散s^2の分布 — χ^2分布

標本の不偏分散 s^2 は次の式で求められた.

$$s^2 = \frac{S}{n-1} = \frac{1}{n-1}\sum_{i=1}^{n}(x_i - \overline{x})^2 = \frac{1}{n-1}\left\{\sum_{i=1}^{n}x_i^2 - \frac{1}{n}\left(\sum_{i=1}^{n}x_i\right)^2\right\}$$

すなわち,平方和 S は標本のばらつきを表す1つの統計量であることがわかる.そこで,$\chi^2 = \dfrac{S}{\sigma^2}$ とおくと,次のことがいえる.

[**統計量の分布 2：χ^2 分布**]

n 個の標本データ $x_1,\ x_2,\ \cdots,\ x_n$ が互いに独立に正規分布 $N(\mu, \sigma^2)$ に従うとき,

$$\chi^2 = \frac{S}{\sigma^2} \tag{4.2}$$

は**自由度**(degrees of freedom) $\nu = n-1$ の **χ^2 分布**に従う.

ここで自由度を $n-1$ とするのは,n 個の標本データの平均からの偏差 $x_1 - \overline{x},\ x_2 - \overline{x},\ \cdots,\ x_n - \overline{x}$ のうち,任意の $n-1$ 個の偏差を定めれば,$(x_1 - \overline{x}) + (x_2 - \overline{x}) + \cdots + (x_n - \overline{x}) = 0$ となる関係から,残りの1つは定まるので,n 個の偏差のうち独立なものの個数は $n-1$ となることからである.

χ^2 分布は,自由度 ν により分布の形状は異なるが,(4.2)式からわかるように,分子 S も分母 σ^2 も正である.したがって,図4.2のようにプラス側だけに分布し,左右対称ではなく,一般に右のほうにすそを引いた歪んだ分布の形になる.そして,自由度が小さいほど左に山が立ち,自由度が大きくなるほど右側に山が立つ.自由度 ν の χ^2 分布で,上側確率 P に対する点,すなわち上側 $100P\%$ 点を $\chi_P^2(\nu)$ と書く.例えば自由度 $\nu = 4$ のとき,$P = 0.01,\ 0.05,\ 0.90,\ 0.95$ に対する値は巻末の χ^2 表より,13.28,9.49,1.064,0.711 と読みとることができる.巻末の χ^2 表より下側確率 $100P\%$ 点を求めるには,上側確率 $1-P$ の欄

第 4 章 統計量の分布

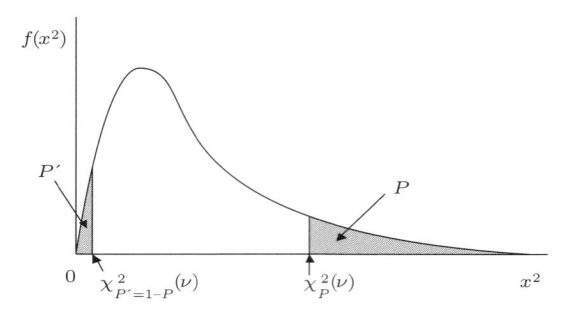

図 4.2 自由度 ν の χ^2 分布の上側 $100P$%点

にある $\chi^2_{1-P}(\nu)$ を読む．例えば，自由度 ν のときの下側確率 P' の 5% 点は上側確率 P の 0.95% 点に相当する．

4.3　母分散を標本分散 s^2 で置換した標本平均 $\overline{x}$ の分布 − t 分布

[統計量の分布 1]の(4.1)式の σ を s で置換して，$t = \dfrac{\overline{x} - \mu}{\sqrt{s^2/n}}$ の分布を考える．

[統計量の分布 3：t 分布]

n 個の標本データ $x_1, x_2, \cdots, x_n$ が互いに独立に正規分布 $N(\mu, \sigma^2)$ に従うとき，

$$t = \frac{\overline{x} - \mu}{\sqrt{s^2/n}} \tag{4.3}$$

は自由度 $\nu = n - 1$ の **t 分布**に従う．

ここでも自由度が出てくるが，t 分布における自由度は，t の(4.3)式の分母に代入される $s^2 = S/(n-1)$ の自由度，すなわち(4.2)式で考えられたもので決まるので，ここでも ν を用いる．

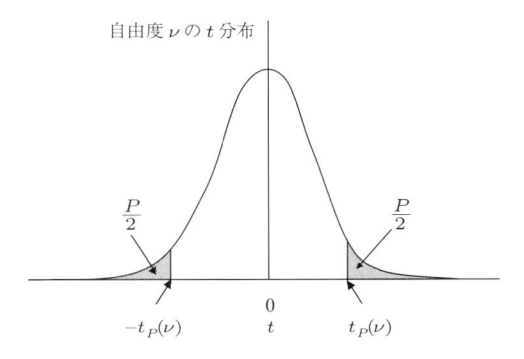

図 4.3　自由度 ν の t 分布の上側 $100P\%$ 点

(4.3)式の分子からわかるように，標本から計算する $\bar{x}$ の値は真の母平均 μ 付近で前後に変動する．したがって，t 分布は $\bar{x}$ と μ との差 0 を中心に左右対称で，χ^2 分布と同じように自由度 ν によって形は決まる．しかし一般に，中心付近では標準正規分布より低く，すそのほうでは高くなる．(4.1)式の z と(4.3)式の t とを比較すればわかるように，自由度 $\nu \to \infty$ の極限においては，t 分布は標準正規分布に一致する．

　自由度 ν の t 分布で，両側確率 P (片側確率 $P/2$) に対応する点，すなわち両側 $100P\%$ 点を図 4.3 のように $t_P(\nu)$ と書く．$\nu = 14$ の $P = 0.05, 0.01$ などに対する値は，巻末の付表の t 表から $2.145,\ 2.977$ と読みとれる．

4.4　2つの標本分散 s^2 の比の分布 — F 分布

　これまでは，1つの母集団における統計量の分布を見てきた．次に2つの母集団を比較する分布を示す．

第 4 章 統計量の分布

> [統計量の分布 4：F 分布]
>
> n_1 個の標本データ x_{11}, x_{12}, $\cdots$, x_{1n_1} が互いに独立に正規分布 $N(\mu_1, \sigma_1^2)$ に従い，さらにそれらと独立に n_2 個の標本データ x_{21}, x_{22}, $\cdots$, x_{2n_2} が互いに独立に正規分布 $N(\mu_2, \sigma_2^2)$ に従うとき
>
> $$F = \frac{\chi_1^2/\nu_1}{\chi_2^2/\nu_2} = \frac{\dfrac{S_1/\sigma_1^2}{n_1-1}}{\dfrac{S_2/\sigma_2^2}{n_2-1}} = \frac{s_1^2/\sigma_1^2}{s_2^2/\sigma_2^2} \tag{4.4}$$
>
> は自由度 (n_1-1, n_2-1) の $\boldsymbol{F}$ 分布に従う．

F 分布では 2 つの自由度があるが，その順序には意味があり，F の分子の自由度を第 1 自由度 ν_1 といい，分母の自由度を第 2 自由度 ν_2 と呼ぶ．この F 分布の形は，この 2 つの自由度 ν_1 と ν_2 によって定まる．

自由度 ν_1, ν_2 の F 分布で，上側確率 P に対応する点すなわち上側 $100P\%$ 点を，図 4.4 のように $F_P(\nu_1, \nu_2)$ と書く．例えば自由度 $\nu_1 = 10$, $\nu_2 = 5$ の $P = 0.05$, 0.01 などに対する値は巻末の F 表にあり，細字の 5% と太字の 1% から 4.74, 10.1 と読みとれる．F 分布の下側確率 P' に対応する下側 $100P\%$ 点は，上側確率 $1-P$ に対応する上側 $100(1-P)\%$ 点である．巻末の F 表から値を読むため

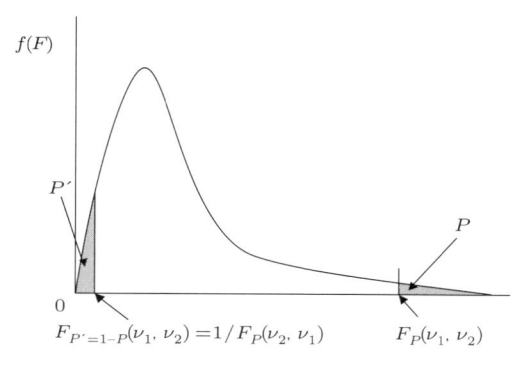

図 4.4　$\boldsymbol{F}$ 分布の上側 $100\boldsymbol{P}\%$ 点

には関係式(4.5)を利用する．

$$F_{1-P}(\nu_1, \nu_2) = 1/F_P(\nu_2, \nu_1) \tag{4.5}$$

(4.5)式の関係を正しく捉えて，自由度の順番が入れかわることに注意すれば，F 値をどのように求めてもかまわない．しかし，誤用をさけるためには，s_1^2, s_2^2 の値のうち大きい方を分子，小さい方を分母にもってきて，常に図 4.4 で示した上側確率 P の域で考えるようにするのがよい．

4.5　統計量の分布間の関係

最後に統計量の $100P\%$ 点の分布の横軸についての関係を箇条書きに示す．

いま，$z_P = K_{\frac{P}{2}}$ とおき，z_P を $N(0,\ 1^2)$ の片側 $100 \times (P/2)\%$ 点，または $N(0,\ 1^2)$ の両側 $100 \times P\%$ 点とすると，
z^2 は $\chi^2(1)$ に従う．

$$z_P^2 = \left[\left\{\frac{(\overline{x}-\mu)}{\sigma/\sqrt{n}}\right\}_P\right]^2 = \chi_P^2(1) \tag{4.6}$$

$F(1, \nu)$ は自由度 ν の $t(\nu)$ の平方となる．

$$\begin{aligned}F_P(1, \nu) &= \frac{\chi_P^2(1)/1}{\chi_P^2(\nu)/\nu} = \left\{\frac{(\overline{x}-\mu)^2/\sigma^2}{(s^2/\sigma^2)/n}\right\}_P \\ &= \left[\left\{\frac{(\overline{x}-\mu)}{s/\sqrt{n}}\right\}_P\right]^2 = t_P^2(\nu)\end{aligned} \tag{4.7}$$

$F(\nu, \infty)$ は $\chi^2(\nu)/\nu$ となる．

$$F_P(\nu, \infty) = \left\{\frac{\chi_P^2(\nu)/\nu}{\sigma^2/\sigma^2}\right\}_P = \chi_P^2(\nu)/\nu \tag{4.8}$$

$F(1, \infty)$ は z^2 となる．

$$F_P(1, \infty) = \frac{\chi_P^2(1)/1}{\sigma^2/\sigma^2} = \left[\left\{\frac{(\overline{x}-\mu)}{\sigma/\sqrt{n}}\right\}_P\right]^2 = z_P^2 \tag{4.9}$$

$t^2(\infty)$ は (4.6) 式より $\chi^2(1)$ となる.

$$t_P^2(\infty) = \left[\left\{ \frac{(\overline{x} - \mu)}{\sigma/\sqrt{n}} \right\}_P \right]^2 = z_P^2 = \chi_P^2(1) \tag{4.10}$$

以上より，4つの統計量の分布 z, $t(\nu)$, $\chi^2(\nu)$, $F(\nu_1, \nu_2)$ 間の関係がわかる．そして，統計量の分布がわかると，これらを用いて母数の推定や検定ができる．次は，その推定と検定について解説する．

第5章
統計的推定・検定

　標本データから求めた統計量が，母集団の様子をどの程度いい当てているかを探る方法が統計的推測である．この統計的推測には，「推定」と「検定」の2種類の方法がある．推定は，求めた統計量から，母集団の母平均，母分散，母不良率などの母数の値を具体的に見積もるための方法である．一方，検定は，「ある広告を出したがこの広告により売上高があがったといえるか」，「製パン機械Aと製パン機械Bとにおいてできあがるパン生地の粘度に差があるか」といった疑問に答える方法である．

　統計的推測は，まず母数の推定から考えるのが理解しやすい．したがって，推定については理論的に説明し，検定については例を通じてその考え方を理解できるようにする．

5.1 推定の考え方

　推定 (estimation) には，**点推定** (point estimation) と**区間推定** (interval estimation) の2つがある．いま母集団の母平均 μ，母分散 σ^2，母不良率 P などの推定したい母数を θ とするとき，標本データから計算によって1つの数値で θ に近い値 $\hat{\theta}$ を定めようとするのが，点推定である．一方，推定したい θ が，ある確率 $(1-\alpha)$ で入っている区間，すなわち2つの数値 θ_L, θ_U で定まる1つの区間を推定するのが区間推定である．ここでは，α を当てはまらない確率として定める．この α については検定のところで説明する．

　θ の点推定量 $\hat{\theta}$ は標本データから計算されるが，その実現値は，θ より大きめの値や，小さめの値に偏っていない（例えば成績を高めに，体重を軽めにいわない）ことが望ましい．すなわち，$\hat{\theta}$ の値は抽出された標本によって変化するが，

第 5 章　統計的推定・検定

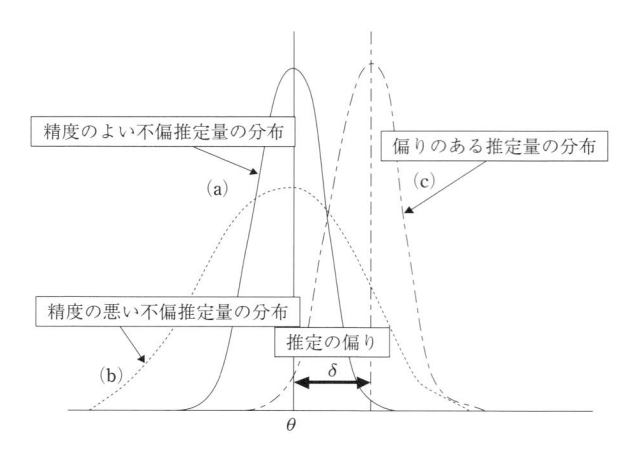

図 5.1　推定量の偏り δ と精度の関係

その推定方法は偏っていないことが求められる．そこで，$\hat{\theta}$ の期待値 $E[\hat{\theta}]$ について，(5.1)式による δ を考える．このとき δ を，推定量 $\hat{\theta}$ の偏りという．

$$\delta = E[\hat{\theta}] - \theta \tag{5.1}$$

そして，条件 $\delta = 0$ を満たす点推定量を**不偏推定量**(unbiased estimator)という．これは，何回も標本から推定を繰り返すと，平均的には推定したい値 θ になるということである．また $\hat{\theta}$ の分布の理論分散を $V[\hat{\theta}]$ とするとき，図 5.1 のように $V[\hat{\theta}]$ の値が小さいほどその推定の精度がよいことになる．

区間推定とは，ある確率の大きさ $(1-\alpha)$ で標本データから計算して，「母平均 μ は，小さく見積もれば θ_L くらい，大きく見積もれば θ_U くらいである」という推定の方法である．この計算された区間 (θ_L, θ_U) を**両側信頼区間**(two-sided confidence interval)と呼び，θ_L を下側信頼限界(lower confidence interval)，θ_U を上側信頼限界(upper confidence interval)といい，両者をあわせて**信頼限界**(confidence limit)と呼ぶ．また $(1-\alpha)$ を**信頼係数**(confidence coefficient)または信頼率と呼ぶ．η を

$$\eta = \theta_U - \theta_L \tag{5.2}$$

5.1 推定の考え方

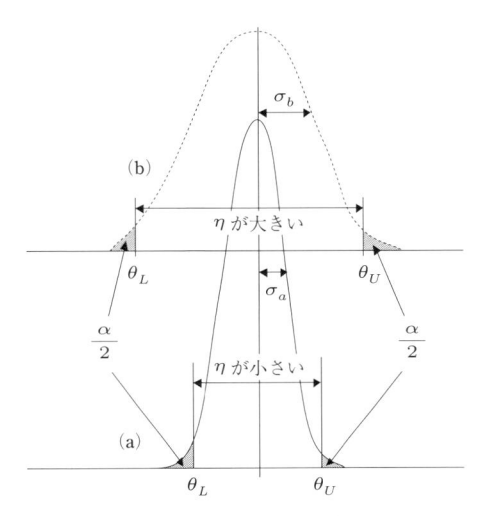

図 5.2 区間幅 η と精度との関係 ($\sigma_a < \sigma_b$)

とおくと，図 5.2 からわかるように，η がきわめて小さい値なら，θ を高い精度で推定していることになる．すなわち図 5.2 では，(b) 図より (a) 図の方が精度よく θ を推定していることになる．

このように区間推定は，あらかじめ指定した確率で推定したい母数 θ を含むように区間 (θ_L, θ_U) を構成し，その区間がどの程度の正確さで母数 θ を推定しているかを示すものである．

例えば「100 人の男子大学生の身長の母平均」における区間推定を考えてみよう．母平均が 172.0cm で母標準偏差が 5.0cm（母分散 5.0^2 (cm^2)）である 100 人のデータは，$N(172.0, 5.0^2)$ の正規分布に従う．この中からランダムに $n = 10$ 人選んで身長を測り，平均値が $\bar{x} = 171.4$cm になったとする．第 4 章の [**統計量の分布 1**] で示したように，平均 $\bar{x}$ は正規分布 $N(\mu, \sigma^2/n)$ に従う．また $z = (\bar{x} - \mu)/\sqrt{\sigma^2/n}$ は，標準正規分布 $N(0, 1^2)$ に従う．ここで，標準正規分布において両側にそれぞれ当てはまらない確率として $\alpha/2$ をとり，区間推定として図 5.3 に示す範囲を考えると，その内容は (5.3) 式のようになる．

103

第 5 章 統計的推定・検定

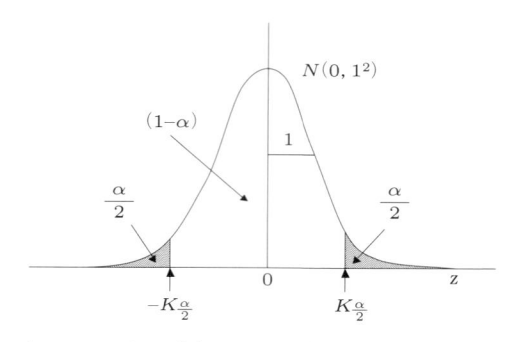

図 5.3 当てはまらない確率 α として信頼区間 $(1-\alpha)$ を導く方法

$$\Pr\{-K_{\frac{\alpha}{2}} < z < K_{\frac{\alpha}{2}}\} = 1 - \alpha \tag{5.3}$$

(5.3)式に(4.1)式の z を代入して，不等式を μ について解くと次の(5.4)式となる．

$$\begin{aligned}
&\Pr\{-K_{\frac{\alpha}{2}} < \frac{\overline{x} - \mu}{\sqrt{\sigma^2/n}} < K_{\frac{\alpha}{2}}\} \\
&= \Pr\{\overline{x} - K_{\frac{\alpha}{2}}\sqrt{\sigma^2/n} < \mu < \overline{x} + K_{\frac{\alpha}{2}}\sqrt{\sigma^2/n}\} \\
&= 1 - \alpha
\end{aligned} \tag{5.4}$$

(5.4)式は，母平均 μ が区間 $\left(\theta_L = \overline{x} - K_{\frac{\alpha}{2}}\sqrt{\sigma^2/n} < \mu < \overline{x} + K_{\frac{\alpha}{2}}\sqrt{\sigma^2/n} = \theta_U\right)$ に含まれている確率が $(1-\alpha)$ になることを表している．

ここで，巻末の正規分布表から片側確率に $\alpha/2$ とした $K_{\frac{\alpha}{2}}$ を求める．その表より α を 0.01, 0.05, 0.10 と設定すれば，すなわち，信頼係数 0.99, 0.95, 0.90 となり，それぞれに対応した $K_{\frac{\alpha}{2}} = 2.576, 1.960, 1.645$ が得られる．

以上から，正規分布 $N(172.0, 5.0^2)$ に従う 100 人の中からランダムに 10 人選んで身長を測って平均が $\overline{x} = 171.4$ cm となったときの信頼区間を求めると，α を 0.05 とするならば，信頼係数 $(1-\alpha)$ は 0.95 となり，そのときの母平均の区間推定は，$171.4 - 1.960\sqrt{5^2/10} < \mu < 171.4 + 1.960\sqrt{5^2/10} \Rightarrow 168.3\,\text{cm} < \mu < 174.5\,\text{cm}$ となる．

5.2 検定の考え方

1日の売上高が平均40万円，日による売上高のばらつきを示す標準偏差が5万円であるコンビニエンスストアの従業員会議で，ある従業員が，「1週間だけ雑誌棚を奥に設置したら，この1週間の売上高は1日平均43万円になったので，本格的に模様替えをするのがよい」と提言した．確かに，1週間だが1日平均で3万円売上が増加している．しかし，雑誌棚を奥にすると客の回転が悪くなり，新しく入店した客が買い物をしにくくなるかもしれない．それでも，この1週間の売上高が1日平均で50万円になっていたら模様替えを決めるだろうし，平均41万円なら模様替えをしないかもしれない．さて，模様替えにより売上高は増加するのだろうか．模様替えにより売上高が43万円に増えたのは，偶然の範囲内で生じる程度なのか，模様替えによる効果とみなせるぐらいめったに起こらないことなのか，生じる程度を確率という基準の下で統計的に判断するのが**(統計的)検定**(statistical test)である．

すなわち検定とは，統計的な仮説をおいて，判断を誤る確率の基準の下で，偶然ではない原因でおこったことなのかどうかを確認することである．

5.2.1 仮説と有意水準

ここで，硬貨が変造硬貨かどうかを検定する場合を考える．いま百円硬貨を10回投げたところ表が7回出たとする．このとき，この硬貨は細工がしてある変造硬貨と判断すべきだろうか．

細工の無い正常な硬貨なら，硬貨を何回も数多く投げれば，表と裏の出る確率をpとすると，pは1/2に近くなるはずである．「pは1/2である」というのが1つの仮説であり，このように検定すべき基となる仮説を**帰無仮説**(null hypothesis)と呼びH_0で表す．帰無仮説に相対する仮説を**対立仮説**(alternative hypothesis)といい，H_1と表す．お互いを区別するために，それぞれ添字0，1をつけることに注意する．この2つの仮説を式で表すと(5.5)式となる．

第 5 章　統計的推定・検定

$$\begin{cases} H_0 : p = 1/2 \\ H_1 : p \neq 1/2 \end{cases} \tag{5.5}$$

すなわち，帰無仮説 H_0 の正常硬貨か，対立仮説 H_1 の変造硬貨のどちらが成り立つかを検定することになる．

正常な硬貨を普通に 10 回投げたとき，表の出る回数を x とすると，x は前述の 2 項分布に従う確率変数である．このとき，表または裏が出る回数の期待度数は $E[x] = 10 \times (1/2) = 5$ 回である．また分散は，$V[x] = 10 \times (1/2) \times (1-1/2) = 2.50 = 1.58^2$ となる．帰無仮説 H_0 が成り立つのは，ばらつきを考えても表または裏の出た回数が 5 回近くの 4〜6 回だろうと思われる．一方，対立仮説 H_1 が成り立つときは，表または裏の一方が 9，10 回と，x の値が 5 から大きく外れたときと考えられる．したがって，x が 5 の近くの値であれば，帰無仮説は正しいと判断し，x の値が 5 より離れていれば帰無仮説は誤りであり，対立仮説が正しいとするのが合理的である．

そこで，ある判断基準の定数 c を定めて $|x-5| \leqq c$ であれば，H_0 が正しいと判断し，$|x-5| > c$ ならば，H_0 は誤りと判断することにする．このとき，c はどのように定めればよいだろう．検定においては，帰無仮説 H_0 が正しいときには，当てはまらない確率，すなわち，その判断を誤る確率 α を小さく定めておくべきである．したがって，c の値は，その判断の誤る確率が α 以下になるように選ぶ．一般に α は，0.05，0.01 などが用いられる．この α あるいは $100 \times \alpha\%$ の値を**有意水準**(significant level)と呼ぶ．有意とは「帰無仮説 H_0 を棄却するに足るだけの意味をもっている」という意味であり，誤る確率 α が小さいほど高度に有意である．

では硬貨の表または裏のいずれかが 7 回以上出るのはどのくらいの確率か，そして変造硬貨と誤って判断する有意水準はどのように考えるのかを説明する．

表または裏のいずれかが 7 回以上出ることを表の回数で示すと，10，9，8，7，3，2，1，0 の場合になる．すなわち，期待度数 5 からの差が 5，4，3，2 と 2 以上となる．2 項分布による計算は省略するが，その確率は，$\Pr\{|x-5| \geqq 2\} =$

$2 \times \{0.001 + 0.010 + 0.044 + 0.117\} = 0.344$ となり,かなりの確率で起こることがわかる.ところが,表または裏の出る回数が 10, 9, 1, 0 と偏ると,その確率は $\Pr\{|x-5| \geqq 4\} = 2 \times \{0.001 + 0.010\} = 0.022$ となり,100 回のうち 2 回程度の割合でしか起こらない.すなわち,帰無仮説 H_0 が正しいとして,表または裏の出る回数が 10, 9, 1, 0 になったとき,硬貨が正常でないと判断を誤る確率は 0.022 で,非常に小さいことがわかる.有意水準の 0.05 や 0.01 は,このような考え方から設定されているともいえる.

今回の 10 回投げて表が 7 回出た百円硬貨が正常なのかどうかを実際に調べてみる.投げた回数は少ないが,2 項分布において np, $n(1-p)$ が 5 以上になれば,経験的に表の出る回数は近似的に正規分布に従うとしてもよい.したがって,今回の表の出る回数は正規分布 $N(5, 1.58^2)$ に従うとする.帰無仮説 H_0 は $H_0: p = 1/2$ であり,H_0 を誤りと判断する確率を $|x-5| > c$ となる割合から求めると (5.6) 式のようになる.

$$\Pr\{|x-5| > c\} = \Pr\left\{\left|\frac{x-5}{1.58}\right| > \frac{c}{1.58}\right\} \approx \Pr\left\{|z| > \frac{c}{1.58}\right\} \quad (5.6)$$

ここで,$\Pr\{A\}$ は帰無仮説 H_0 の下での事象の確率であり,z は標準正規分布 $N(0, 1^2)$ に従う確率変数である.いま $\alpha = 0.05$ とするなら,$\Pr\{|z| > 1.96\} = 0.05$(このとき $|z|$ の絶対値に注意する)となるから,判断基準値 c は (5.6) 式から

$$c = 1.96 \times 1.58 = 3.10 \quad (5.7)$$

と導ける.すなわち,(5.8) 式となる.

$$x < 2 \text{ または } x > 8 \quad (5.8)$$

これにより,10 回投げたとき表が 2 回未満,あるいは 9 回以上でたときに,帰無仮説は正しくないと判断できることになる.

帰無仮説を真であると判断することを,その仮説を **採択**(accept)**する**といい,それが誤りと判断することを,その仮説を **棄却**(reject)**する**という.また,帰無

仮説を棄却する領域を**棄却域**(rejection region)といい，帰無仮説を棄却しない領域，つまり帰無仮説を採択する領域を**採択域**(acceptance region)という．

今回 10 回投げて表が 7 回出たこの百円硬貨は，帰無仮説が採択され，硬貨は正常であるといえる．

5.2.2 両側検定と片側検定

前節では，百円硬貨の表または裏の出る確率 p は 1/2 で正常とみなしてよいのか，それとも，1/2 ではない変造硬貨とみなすのかを検定したので，対立仮説 H_1 は $H_1 : p \neq 1/2$ とした．ところが表の出る事象を x として，その出現確率を p とすれば，表が出やすい変造硬貨かどうかを検定するには，対立仮説を $p > 1/2$ としなければならない．すなわち，(5.5)式に代えて(5.9)式をおき，

$$\begin{cases} H_0 : p = 1/2 \\ H_1 : p > 1/2 \end{cases} \tag{5.9}$$

(5.9)式のどちらが成り立っているかを検定することになる．対立仮説が成り立つとすれば，表の出る回数は帰無仮説が成り立つ場合に比べて多くなるので，$x - 5$ が大きいときには帰無仮説は正しくないと判断するのが合理的である．そこで，有意水準 α が 0.05 であれば $\Pr\{x - 5 > c\} = 0.05$ となるように判断基準値 c を定めてみる．

$$\Pr\{x - 5 > c\} = \Pr\{\frac{x-5}{1.58} > \frac{c}{1.58}\} \approx \Pr\{z > \frac{c}{1.58}\} \tag{5.10}$$

であり，$\Pr\{z > 1.64\} = 0.05$(このとき z に絶対値がないことに注意する)であるから，判断基準値は(5.10)式から

$$c = 1.64 \times 1.58 = 2.59 \tag{5.11}$$

と導け，

$$x \geqq 8 \tag{5.12}$$

となる．表が出やすいと思われる百円硬貨を 10 回投げて 8 回以上表が出たら帰無仮説 H_0 は棄却され，この硬貨は表が出やすいと判断されることになる．

もし表が出にくい(裏が出やすい)硬貨であると思われて，そのことを対立仮説にして検定するのなら，対立仮説 H_1 を $H_1 : p < 1/2$ としなければならない．すなわち，(5.5)式や(5.9)式に代わって，

$$\begin{cases} H_0 \ : \ p = 1/2 \\ H_1 \ : \ p < 1/2 \end{cases} \tag{5.13}$$

となる．同様に判断基準値 c を求めると $x \leqq 2$ となり，表が出にくいと思われる百円硬貨を 10 回投げて表が 2 回以下しか出なかったら帰無仮説 H_0 は棄却され，この硬貨は表が出にくいと判断されることになる．

未知の母数を θ とし，帰無仮説 $H_0 : \theta = \theta_0$ を検定するとき，対立仮説を(5.5)式のように $H_1 : \theta \neq \theta_0$ の形でおくときの仮説を，**両側仮説**(two-sided test)と呼ぶ．図 5.4(a)のように，このときの棄却域は数直線上において採択域の両側にとられる．

また，対立仮説が(5.9)式のような $H_1' : \theta > \theta_0$ の形の仮説を右側仮説，(5.13)式のような $H_1'' : \theta < \theta_0$ の形の仮説を左側仮説といい，この両者をあわせて**片**

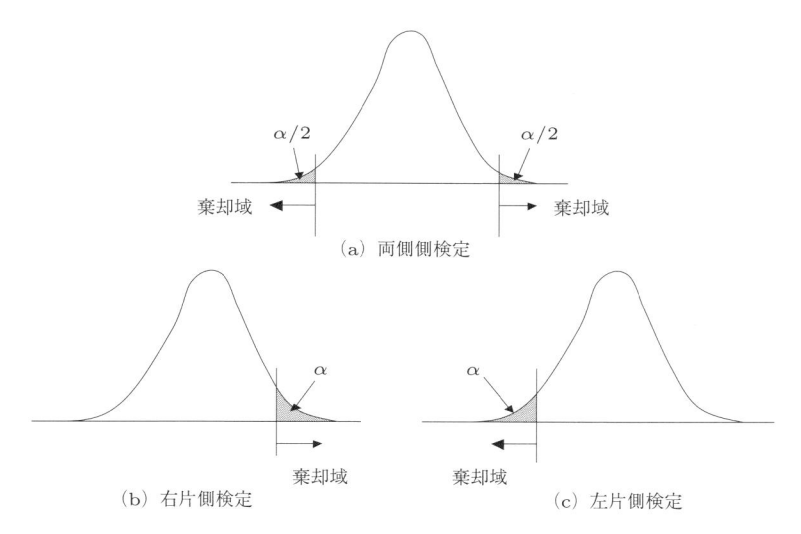

図 5.4　仮説のおき方と棄却域との関係

側仮説 (one-sided test) という．片側仮説の棄却域は図 5.4(b), (c) のように，数直線上において採択域の右側または左側のいずれか一方にとられる．

5.2.3 検定における2種類の誤り

検定は数少ない標本データにより母集団の様子を判断しているので，誤った判断となることもありうる．その誤りには2種類の可能性がある．1つは帰無仮説 H_0 が正しいのに，それを棄却してしまう誤りである．つまり帰無仮説どおりなので従来と変わっていないのに，変わったと判断して（あわてて）アクションをとってしまう誤りである．これを**第1種の誤り**(error of the first kind) またはあわてものの誤りと呼ぶ．この第1種の誤りをおかす確率は有意水準に等しい．

もう1つの誤りは，帰無仮説 H_0 が誤りであるのに，それを採択してしまう誤りである．すなわち，本当は帰無仮説が成り立っておらず，アクションをとる必要があるのにアクションをとらない誤りである．この誤りを**第2種の誤り**(error of the second kind) またはうっかりものの誤りと呼ぶ．この第2種の誤りをおかす確率を β と表す．そして，対立仮説が成り立っているときに，このことを正しく見出す確率，すなわち，帰無仮説を棄却する確率を**検出力**(power of a test) と呼ぶ．検出力の値は $1-\beta$ で求められる．

検定においては，第1種の誤りの確率 α および第2種の誤りの確率 β の両方をできるだけ小さくしたいのであるが，例えば，2つの集団における平均値の違いを検定する場合を考えると，図 5.5 で示すように，H_1 下ではこの検定統計量の分布の中心は 0 とはならず，いくらか値の λ となる．この λ を**非心度**と呼ぶ．そのとき，有意水準 α の判断基準である $z(\alpha)$ を右側に移行して α の確率を小さくすると他方を誤る確率 β が大きくなる．そこで検定は，第1種の誤りの確率をあらかじめ定めた有意水準 α 以下になるように棄却域をとって行うのである．

2つの集団における平均値の違いを検定する場合には，分散を一定とすれば，非心度である λ は，平均値の差 d と，サンプル数 n の平方根 $\sqrt{n}$ の逆数との積

5.2 検定の考え方

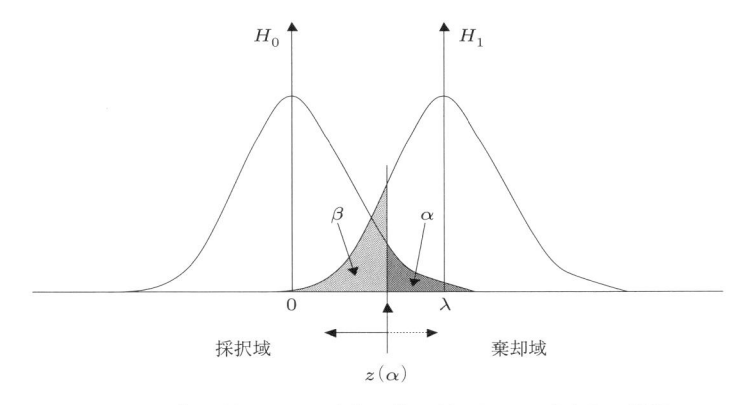

図 5.5 第 1 種の誤りの確率と第 2 種の誤りの確率との関係

の関数になることがわかっているので，第 2 種の誤りの確率 β を可能な限り小さくするには，サンプル数を増やせばよいことになる．

検定の手順を次のようにまとめる．

(1)**仮説の設定**　母集団のパラメータに関して，帰無仮説 H_0 および対立仮説 H_1 を設定する．

$$\begin{cases} H_0 : A = B \\ H_1 : A \neq B, \ H_1' : A > B, \ H_1'' : A < B \end{cases}$$

帰無仮説の H_0 は「A と B は同じ，または変化がない」であり，対立仮説の H_1 はその否定に相当し，「A と B は同じではない，または変わった」となる．対立仮説では H_1 は両側仮説，H_1' を右片側仮説，H_1'' を左片側仮説といい，3 つの仮説が存在する．対立仮説にどの仮説をおくかは，データを収集する前に決める．前述したコンビニエンスストアの例でいうと，模様替えにより売上高に変化が生じたかを検討したいなら H_1 の両側仮説であり，模様替えにより売上高が増えたことを確認したいのなら H_1' の「模様替え後の売上高 > 従来の売上高」の右片側仮説となる．

111

(2) 検定統計量の選定 仮説の検定に適切な検定統計量を選ぶ．

例えば，計測値データの場合だと，母平均に関する検定なら t 統計量，母分散に関する検定なら χ^2 統計量，母平均の差の検定なら t 統計量，母分散の違いの検定なら F 統計量を選ぶ．

(3) 有意水準・棄却域の設定 結論を誤ってしまう確率を決める．すなわち有意水準 α を決める．統計量が決まるとその分布が決まる．両側仮説なら，確率が α となる領域を分布の両側に設定し，これを棄却域とする．右片側なら，確率が α となる領域を分布の右側に設定して棄却域を設定する．

(4) 帰無仮説の棄却・採択 統計量の式にデータの値を代入し，統計量の値を求め，帰無仮説を棄却するか，採択するかの判断を行う．$1-\alpha$ を信頼率といい，「$100(1-\alpha)\%$ の信頼度で有意差あり」というような結論を導く．

5.3 計測値の検定と推定

男子大学生の身長や体重，外気の温度や湿度，牛肉の重さ，店の売上高や広さなど，社会科学やビジネス社会での調査で扱うデータには，計測値データが多く，そのほとんどが正規分布に従う．したがって，本節では，データの母集団分布として正規分布を想定する．また，2.4 節でとりあげたように，正規分布に従う母集団分布には，母集団の中心位置を表す母平均と，母集団のばらつき度合いを表す母分散の 2 つの母数が存在する．

そこで，本節では，まず 1 つの母集団を設定して，既知の値とそこからランダムに抽出した標本データから求めた統計量とを比較するための検定と推定の方法を説明する．実際の手順では，変化の有無を先に確認したいことから，検定をまず行い，それから推定に入ることが多いので，本節からは検定と推定の

順で示す．次に2つの母集団を設定して，2つの母平均の比較，2つの母分散を比較するため，それぞれからサンプリングした2組の標本データを用いた検定・推定の方法を説明する．

5.3.1　1つの母集団における検定と推定

この検定・推定の方法を説明するために，前節でとりあげたコンビニエンスストアの模様替えの例を再びとりあげる．

> **例 5.1**　1日の売上高が平均40.0万円，日による売上高のばらつきを示す標準偏差が5.0万円であるコンビニエンスストアで，1週間だけ雑誌棚を奥に設置する模様替えを行ったところ，1週間の売上高が次のようになり，
> 　　37.0, 48.0, 43.0, 49.0, 35.0, 39.0, 50.0　　計 301.0（万円）
> 1日の平均売上高が43.0万円になった．このデータから，本格的に模様替えをした方がよいかを考える．

1週間のデータだが，売上が1日平均で3.0万円増加している．しかし雑誌棚を奥にすると客の回転が悪くなり，新しく入店した客の買い物がしにくくなることも考えられるので，模様替えを決めかねている．このような場合の検定・推定の手順を示す．

(1) まず1週間の売上高のばらつきが，通常のばらつきを示す標準偏差5万円と変わったかどうか，**母分散の検定**を行う．

手順1)　帰無仮説 $H_0 : \sigma^2 = 5.0^2$，対立仮説 $H_1 : \sigma^2 \neq 5.0^2$（両側仮説）である．
手順2)　帰無仮説下で構成される検定統計量は前章の(4.2)式から，

$$\chi_0^2 = \frac{S}{\sigma^2}$$

である．
　χ_0^2 は H_0 が正しい下で，自由度 $\nu = n - 1$ の **χ^2 分布**に従う．

● 両側仮説であることから棄却域を定めると，棄却域は，

$$\chi_0^2 \leqq \chi_{1-\frac{\alpha}{2}}^2(\nu) \quad \text{または} \chi_0^2 \geqq \chi_{\frac{\alpha}{2}}^2(\nu) \tag{5.14}$$

となる．

以上より，χ_0^2 値を計算する．ここで有意水準を $\alpha = 0.05$ とする．

$$\begin{aligned}
\chi_0^2 &= \frac{S}{\sigma^2} = \frac{\sum_{i=1}^n x_i^2 - \left(\sum_{i=1}^n x_i\right)^2 / n}{\sigma^2} \quad (\nu = n-1) \\
&= \frac{(37.0^2 + 48.0^2 + 43.0^2 + 49.0^2 + 35.0^2 + 39.0^2 + 50.0^2) - 301.0^2/7}{5.0^2} \\
&= \frac{226.00}{25.00} = 9.04 \quad (\nu = 7-1 = 6)
\end{aligned} \tag{5.15}$$

棄却域値は巻末の χ^2 表より，$\chi_{0.975}^2(6) = 1.237$，$\chi_{0.025}^2(6) = 14.45$ となる．
手順 3) χ_0^2 値 $= 9.04 > \chi_{0.975}^2(6) = 1.237$，$\chi_0^2$ 値 $= 9.04 < \chi_{0.025}^2(6) = 14.45$ と χ_0^2 値は (5.14) 式の棄却域に入っていないので，帰無仮説 $H_0 : \sigma^2 = 5.0^2$ は棄却できない．したがって，「1 週間の売上高のばらつきは，通常のばらつきの 5.0^2 (万円)^2 から変わったとはいえない」となる．

(2) 次に，この 1 週間の売上高の母分散を信頼率 95% で区間推定 (**母分散の推定**) をする．
手順 1) 点推定は (5.15) 式の分子より $S = 226.0$ となるので，

$$\hat{\sigma}^2 = \frac{S}{n-1} = \frac{226.0}{7-1} = 37.67 = 6.14^2$$

となる．
手順 2) 棄却域値は χ^2 表より，$\chi_{0.975}^2(6) = 1.237$，$\chi_{0.025}^2(6) = 14.45$ となるので，区間推定は上側信頼限界として，

$$\sigma_U^2 = \frac{S}{\chi_{1-\frac{\alpha}{2}}^2(\nu)} = \frac{226.0}{\chi_{0.975}^2(6)} = \frac{226.0}{1.237} = 182.70 = 13.52^2$$

下側信頼限界として，

$$\sigma_L^2 = \frac{S}{\chi_{\frac{\alpha}{2}}^2(\nu)} = \frac{226.0}{\chi_{0.025}^2(6)} = \frac{226.0}{14.45} = 15.64 = 3.95^2$$

となる．

手順 3)　以上より母分散の推定をまとめると，点推定は $(6.14\,万円)^2$ となり，区間推定は $(3.95\,万円)^2 \sim (13.52\,万円)^2$ となる．

(3) 今度は，模様替えにより売上高は増えたといえるかどうか，**母平均の検定**を行う．

手順 1)　帰無仮説は $H_0 : \mu = 40.0$，対立仮説は模様替えにより売上高が増えたかを調べるものとして，$H_1 : \mu > 40$ の右片側仮説をおく．

手順 2)　帰無仮説下で構成される検定統計量は前章の(4.3)式から

$$t_0 = \frac{\overline{x} - \mu}{\sqrt{s^2/n}}$$

である．t_0 値は自由度 $\nu = n - 1$ の **t 分布**に従う．有意水準を $\alpha = 0.05$ とする．

●右片側仮説の棄却域を定めると，棄却域は，

$$t_0 \geqq t_{2\alpha}(\nu) = t_{0.10}(6) = 1.943 \tag{5.16}$$

以上より t_0 値を計算する．(5.15)式の分子より分散は，

$$s^2 = \frac{S}{\nu} = \frac{226.0}{6} = 37.67, \quad t_0 = \frac{43.0 - 40.0}{\sqrt{37.67/7}} = 1.293$$

となる．

手順 3)　t 値 $= 1.293 < t_{0.10}(6) = 1.943$ と棄却域に入らないので，帰無仮説は棄却されない．したがって，「1 週間の売上高は，通常の売上高平均 40.0 万円より増えたとはいえない」となる．

(4) 次に，この 1 週間の売上高における母平均の信頼率 95% の**区間推定(母平**

均の推定)を行う.

手順1) 点推定は,$\hat{\mu} = 43$ 万円である.信頼区間幅の計算は $t_{0.05}(6)\sqrt{s^2/n} = 2.447\sqrt{37.67/7} = 5.677$ となるので,上側信頼限界として,

$$\mu_U = \overline{x} + t_{0.05}(6)\sqrt{s^2/n} = 43.0 + 5.677 = 48.7 (万円)$$

下側信頼限界として,

$$\mu_L = \overline{x} - t_{0.05}(6)\sqrt{s^2/n} = 43.0 - 5.677 = 37.3 (万円)$$

と求まる.

手順2) 母平均の推定をまとめると,点推定は 43.0 万円となり,区間推定は 37.3 万円～48.7 万円となる.

以上(1)～(4)までをまとめると,例 5.1 では,模様替えにより売上高が増えたとはいえず,模様替えは見送りとなる.

5.3.2 2つの母集団における検定と推定

ダイエット食品を宣伝したチラシに,食品を試用する前の太っていた写真と,試用後のスリムになった写真がよく掲載されている.もし貴方がスリムになりたいのなら,そのようなチラシを見たときに,そのダイエット食品を購入するだろうか.この食品がダイエットに効果があるかどうかは,太った人をランダムに選んで,食品を試用する前の体重を測った標本データ(Before)の平均値と,一定期間試用後(After)の体重を測った標本データの平均値とを比較して,食品の試用により体重差が生じたことを検定して,ダイエット効果があることが確認されなければならない.

厚生労働省も,健康食品の販売の際には,事実に基づいたデータにより統計的に有意であることを示して販売するように勧告している.我々は,販売会社の都合のよい写真だけで判断してはならない.

図 5.6 は,ダイエット食品の試用前後における体重の平均値差は同じだが,(a)は試用する前後でも体重のばらつきに変化がなかった場合であり,一方(b)はダイエット食品の効き方にばらつきが生じて試用後の分散が大きくなった場

(a) ダイエット食品使用前後の分散が等しい場合．試用前後における体重の平均値の違い．

After　Before

A　B

μ_A　μ_B　体重

(b) ダイエット食品使用前後の分散が異なる場合．試用前後における体重の平均値の違い．

After　Before

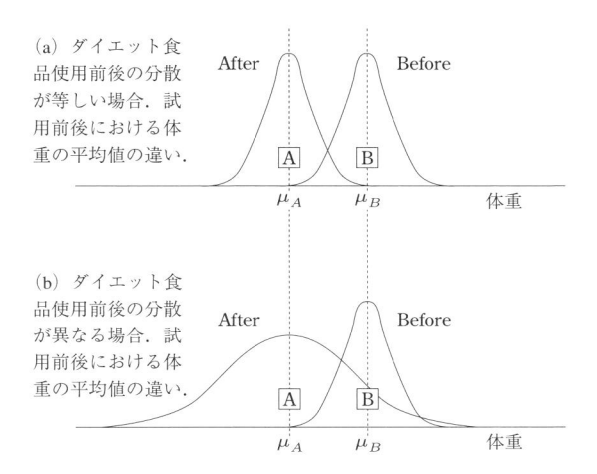

A　B

μ_A　μ_B　体重

図 5.6　2 つの集団において平均値の差が同じだが分散が異なる場合の比較

合を示している．

図 5.6 において，(a) 図と (b) 図とでは，どちらがダイエット食品による体重差が生じたとみなせるだろうか．明らかに (b) 図よりも (a) 図の方が体重の差があるように見える．このように，何かの対策前後による標本データから，その対策による効果が生じたかどうかを確認する際には，平均値間の差を論じる前に，対策前後でばらつきの変化，すなわち分散に違いが生じていないかを調べる必要がある．具体的に次の例を用いて 2 つの母集団における検定・推定の方法を示す．

> **例 5.2**　手打ちそば屋を経営している．今年は風水害がありいつも使用しているそば粉が手に入らなくなり，別の産地のそば粉を使わなければならなくなった．そばの味覚で大切なのはそばの腰である．幸い以前のそば粉がまだ残っていたので，従来の方法で以前のそば粉と新しいそば粉を練って比べることにした．また，そばの腰の測定を正確にするために，特殊な測定器を用いて測定することにした．(Before) のデータは，従来のそば粉の腰を測定した値である．(After) のデータは，新しいそば粉による腰の測定

値である（測定単位は省略）．

$B : 20.8,\ 19.6,\ 20.4,\ 20.0,\ 20.9,\ 20.1,\ 20.6,\ 20.1,\ 20.3,\ 19.9,$

$$\sum x_B = 202.7, \qquad \sum x_B^2 = 4110.25$$

$A : 20.3,\ 20.8,\ 20.7,\ 20.9,\ 20.3,\ 20.8,\ 21.0,\ 21.0$

$$\sum x_A = 165.8, \qquad \sum x_A^2 = 3436.76$$

さて，そば粉を変えたことにより腰のばらつきは以前と変わっただろうか．また腰の平均値には変化があったのだろうか．

（1）まず，そば粉を変更する前と後の2つの母集団について，腰の分散が異なったかどうか，**2つの母分散の比に関する検定**を行う．

手順1） 帰無仮説は $H_0 : \sigma_B^2 = \sigma_A^2$，対立仮説は，そば粉を変更したことによって分散に違いが生じたかを調べるので，$H_1 : \sigma_B^2 \neq \sigma_A^2$ と両側仮説をおく．

手順2） 帰無仮説下で構成される検定統計量は前章の(4.4)式から

$$F_0 = \frac{s_A^2/\sigma_A^2}{s_B^2/\sigma_B^2} = \frac{V_A/\sigma_A^2}{V_B/\sigma_B^2} = \frac{V_A}{V_B} \quad (\because \sigma_B^2 = \sigma_A^2 \text{であることから})$$

となる．ここで，$V_B = s_B^2$，$V_A = s_A^2$ とおいている．このとき F_0 値は自由度 $(n_A - 1,\ n_B - 1)$ の **F分布**に従う．

●両側仮説であることから棄却域を定めると，棄却域は

$$F_0 = \frac{V_A}{V_B} \geqq F_{\frac{\alpha}{2}}(\nu_A, \nu_B) \text{ かつ } F_0 = \frac{V_A}{V_B} \leqq F_{1-\frac{\alpha}{2}}(\nu_A, \nu_B) \quad (5.17)$$

となる．

この棄却域を図で表すと図5.7のようになる．通常用いる有意水準の値に対しては，巻末の F 分布表から求める棄却限界値は1より大きい．したがって，V_A と V_B を計算した後で，大きい方を分子にして検定統計量 F_0 を求める．このとき分子に対応した自由度が必ず第1自由度になる．ここで右片側，左片側各5％ずつの棄却域の両側仮説を考えて，有意水準 $\alpha = 0.10$ とする．

5.3 計測値の検定と推定

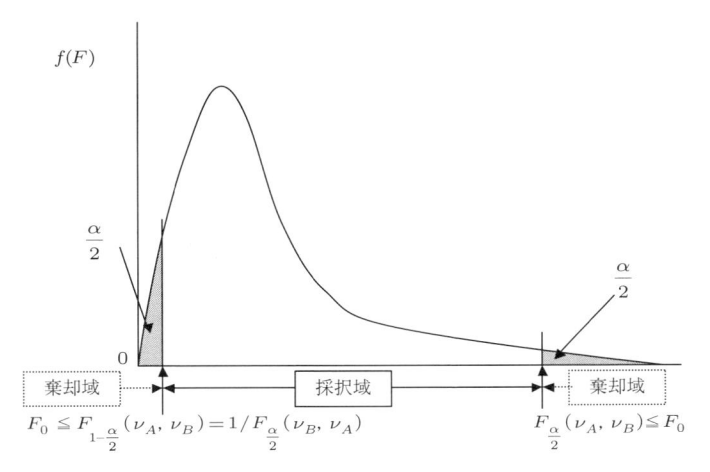

図 5.7 $H_0: \sigma_B^2 = \sigma_A^2$, $H_1: \sigma_B^2 \neq \sigma_A^2$ の両側検定の棄却域

以上より F_0 値を計算する．平方和 S_B, S_A を計算して，そこから分散 V_B, V_A を導く(巻末にある F 分布の数値表の桁数にあわせて小数点第 3 位まで求める)．

$$S_B = \sum_{i=1}^{n_B} x_{Bi}^2 - \frac{\left(\sum_{i=1}^{n_B} x_{Bi}\right)^2}{n_B} = 4110.25 - \frac{(202.7)^2}{10} = 1.521$$

$$S_A = \sum_{i=1}^{n_A} x_{Ai}^2 - \frac{\left(\sum_{i=1}^{n_A} x_{Ai}\right)^2}{n_A} = 3436.76 - \frac{(165.8)^2}{8} = 0.555$$

$$V_B = \frac{S_B}{\nu_B} = \frac{1.521}{9} = 0.169 \ , \quad V_A = \frac{S_A}{\nu_A} = \frac{0.555}{7} = 0.079$$

(5.17)式より F_0 値は，$V_B > V_A$ なので V_B を分子にして計算する．

$$F_0 = \frac{V_B}{V_A} = \frac{0.169}{0.079} = 2.139$$

●自由度を分子と分母に対応させて棄却域を考えると，

$$F_0 = \frac{V_B}{V_A} \geqq F_{\frac{\alpha}{2}}(\nu_B, \nu_A) \ , \ F_0 = \frac{V_B}{V_A} \leqq F_{1-\frac{\alpha}{2}}(\nu_B, \nu_A)$$

となる．F_0 は $F_{0.05}(9, 7) = 3.68 > F_0 = 2.139 > F_{0.95}(9, 7) = 1/3.29 = 0.304$ の採択域に入る．

手順3) 以上により F_0 値は棄却域に入らないので，帰無仮説 H_0 は採択される．したがって，「そば粉の材料変更により，そばの腰のばらつきが変わったとはいえない」となる．

分散 V 値の大きい方を分子にもってきて，その分子の自由度を F_0 値の第1自由度に対応させることで，分散の比が小さくなったかをみる F 分布の左片側の棄却域を調べる必要がなくなる．F 検定の場合には，有意水準 10% の両側仮説では，分子の値 > 分母の値にして，右側の棄却域 5% のみを調べることでよい．

なお，母分散の比 (σ_B^2/σ_A^2) についての 95% 信頼区間の推定は，

$$\{1/F_{0.05}(9, 7)\} \times (V_B/V_A) < (\sigma_B^2/\sigma_A^2) < F_{0.05}(7, 9) \times (V_B/V_A)$$

より，$(1/3.68) \times 2.139 < (\sigma_B^2/\sigma_A^2) < 3.29 \times 2.139 \Rightarrow 0.581 < (\sigma_B^2/\sigma_A^2) < 7.037$ と導ける．

(2) 次に，そば粉の材料変更により，そばの腰の平均値に変化が生じたかどうかを検定する．

検定の対象となるそば粉の材料変更前と後の母集団を $N(\mu_B, \sigma_B^2)$ および $N(\mu_A, \sigma_A^2)$ とすると，標本平均 $\overline{x}_B$ と $\overline{x}_A$ は，$N(\mu_B, \sigma_B^2/n_B)$ と $N(\mu_A, \sigma_A^2/n_A)$ に従う．そしてこの2つの母集団が互いに独立であるならば，平均値の差 $\overline{x}_A - \overline{x}_B$ は $N(\mu_A - \mu_B, \sigma_A^2/n_A + \sigma_B^2/n_B)$ に従う（2つの母集団における平均値の差を考えるとき，その2つの母集団の分散は加えられることを**分散の加法性**と呼ぶ）．

これを標準化した，

$$z = \frac{(\overline{x}_A - \overline{x}_B) - (\mu_A - \mu_B)}{\sqrt{\sigma_A^2/n_A + \sigma_B^2/n_B}} \tag{5.18}$$

は $N(0, 1^2)$ に従う．いま σ_A^2 と σ_B^2 が互いに異ならずに $\sigma_A^2 = \sigma_B^2 = \sigma^2$ が成り立つので，(5.18)式から，

$$z = \frac{(\overline{x}_A - \overline{x}_B) - (\mu_A - \mu_B)}{\sqrt{\sigma_A^2/n_A + \sigma_B^2/n_B}} = \frac{(\overline{x}_A - \overline{x}_B) - (\mu_A - \mu_B)}{\sqrt{\sigma^2(1/n_A + 1/n_B)}} \tag{5.19}$$

も $N(0, 1^2)$ に従う.

この σ^2 は一般的に,2つの母集団からの平方和 S_A, S_B を併合して求めた (5.20)式の分散 V によって推定する.

$$V = \frac{S_A + S_B}{\nu_A + \nu_B} = \frac{S_A + S_B}{(n_A - 1) + (n_B - 1)} = \frac{S_A + S_B}{n_A + n_B - 2} \quad (5.20)$$

これを σ^2 の**同時推定**といい,この V を**プールした分散**と呼ぶ.

この分散 V を(5.19)式の σ^2 の代わりに用いると,(5.21)式のようになる.

$$t_0 = \frac{(\overline{x}_A - \overline{x}_B) - (\mu_A - \mu_B)}{\sqrt{V(1/n_A + 1/n_B)}} \quad (5.21)$$

この t_0 は,自由度 $\nu = n_A + n_B - 2$ の t 分布に従う.この t_0 値を用いて**母平均の差の検定**ができる.

手順1) 帰無仮説は $H_0 : \mu_A = \mu_B$,対立仮説は,そば粉の材料変更によりそばの腰の平均値に違いが生じたかを調べるものとして,$H_1 : \mu_A \neq \mu_B$ の両側仮説をおく.

手順2) 帰無仮説下 $\mu_A = \mu_B$ で構成される検定統計量は(5.21)式から,

$$t_0 = \frac{\overline{x}_A - \overline{x}_B}{\sqrt{V(1/n_A + 1/n_B)}}$$

となり,この t_0 値は自由度 $n_A + n_B - 2$ の t 分布に従う.

●両側仮説の棄却域を定めると,棄却域は,

$$|t_0| \geqq t_\alpha(\nu_A + \nu_B) \quad (5.22)$$

となる.有意水準は $\alpha = 0.05$ である.

以上より,プールした分散 V と t_0 値を計算する.

$$V = \frac{S_A + S_B}{n_A + n_B - 2} = \frac{0.555 + 1.521}{8 + 10 - 2} = 0.130$$

$$\overline{x}_A = 165.8/8 = 20.725, \quad \overline{x}_B = 202.7/10 = 20.270$$

$$t_0 = \frac{\overline{x}_A - \overline{x}_B}{\sqrt{V(1/n_A + 1/n_B)}} = \frac{20.725 - 20.270}{\sqrt{0.130(1/8 + 1/10)}} = 2.661$$

となる.

手順3) t 分布表より両側 5% の数値を用いて棄却域を求めると $|t_0| = 2.661 \geqq t_{0.05}(7+9) = 2.120$ となり,帰無仮説 $H_0 : \mu_A = \mu_B$ は棄却される.すなわち,そば粉の材料変更により,そばの腰に違いが生じたと考えられる.

最初から材料変更により腰が強くなることが期待できるとわかっている場合は,右片側仮説の $H_1 : \mu_A > \mu_B$ をおくことができる.しかし,余儀なく材料変更を行った場合は,腰が強くなるかどうかはわかっていない.したがって,あくまでも仮説の設定は,材料変更により腰の強さが変わったかどうかの両側仮説となる.

材料変更前後における腰の強さの差は一体どれくらいなのかを推定してみる.

$$(\overline{x}_A - \overline{x}_B) - t_{0.05}(16)\sqrt{V(1/n_A + 1/n_B)} < \mu_A - \mu_B$$
$$< (\overline{x}_A - \overline{x}_B) + t_{0.05}(16)\sqrt{V(1/n_A + 1/n_B)}$$
$$\Rightarrow 0.455 - 2.120 \times 0.171 < \mu_A - \mu_B < 0.455 + 2.120 \times 0.171$$
$$\Rightarrow 0.092 < \mu_A - \mu_B < 0.818$$

となる.すなわち,材料変更前より材料変更後における腰の強さの差は 0.092 ~ 0.818(単位省略)となり,結果的に腰が強くなったことが区間推定からもわかる.

図 5.6 における (b) 図のように,2 つの母集団の母分散が等しいとはいえない場合は,どのような検定と推定を行えばよいのだろうか.2 つの母分散が等しいという前提が崩れた場合は,上記の方法とは別の検定法である **Welch の検定と推定** を実施しなければならない.その方法は,

$$t_0 = \frac{(\overline{x}_A - \overline{x}_B) - (\mu_A - \mu_B)}{\sqrt{V_A/n_A + V_B/n_B}}$$

が自由度 ν^* の t 分布に従うが,別にこの自由度 ν^* を **Satterthwaite の方法** である次式の

$$\nu^* = \left(\frac{V_A}{n_A} + \frac{V_B}{n_B}\right)^2 \Big/ \left\{\frac{(V_A/n_A)^2}{\nu_A} + \frac{(V_B/n_B)^2}{\nu_B}\right\}$$

($\nu_A = n_A - 1, \nu_B = n_B - 1$) から求めなければならない．自由度 ν^* のことを**等価自由度**と呼び，t_0 値と $t_\alpha(\nu^*)$ の値とを比べることになる．

現実には，このような状況が多いと考えられるが，Welch の方法は近似的な方法であり，自由度も面倒な Satterthwaite の方法から求めなければならないことから，2 つの分散 V_A と V_B の比が 2 以上の場合のみ Welch の方法を行い，2 以下なら分散が等しいとみなし，分散の同時推定量を用いてもよいことが知られている．実際には分散比が 2 以下になることが多いので，結局 Welch の方法を使うことは少ないといえる．

5.3.3 対応がある場合の母平均の差の検定と推定

例 5.3 のように，得られた標本データに対応がある場合は，**対応がある場合の母平均の差の検定と推定**を行わなければならない．その方法を説明する．

例 5.3 饅頭用の小豆を熟成する方法として，A 法と B 法の 2 つが開発された．小豆の各ロットを 2 分して，A 法で熟成したものと，B 法で熟成製造したものを作り，甘み度 (単位省略) を測定して，少しでも甘み度が増える方法を採用したい．8 ロットから得られた結果は表 5.1 のようになった．

表 5.1　標本データ

ロット	1	2	3	4	5	6	7	8
A 法	46.0	43.4	45.0	41.0	44.0	44.4	40.0	41.6
B 法	45.4	41.4	50.6	39.4	42.8	44.1	37.4	40.6

さて，A 法と B 法では甘み度に差があるかどうかを検討する．

標本データに対応があるときの 2 つの母平均の差は $\delta = \mu_A - \mu_B$ であり，この δ を $\hat{\delta} = \bar{d}_i = \bar{x}_{Ai} - \bar{x}_{Bi}$ から推定することになる．

手順 1) 帰無仮説は $H_0 : \delta = 0$ ($\delta = \mu_A - \mu_B$)，対立仮説は，$H_1 : \delta \neq 0$ の両側仮説となる．

手順 2) 帰無仮説下で構成される検定統計量を考える．

n 個の対応のあるデータ $(x_{Ai}, x_{Bi})(i = 1, 2, \cdots, n)$ があるとき，$d_i = x_{Ai} - x_{Bi}$ のように差をとると，$d_1, d_2, \cdots, d_n$ は互いに独立に正規分布 $N(\mu_A - \mu_B,$

表 5.2　d_i と d_i^2 の計算表

ロット	1	2	3	4	5	6	7	8
A 法	46.00	43.40	50.00	41.00	44.00	44.40	40.00	41.60
B 法	45.40	41.40	50.60	39.40	42.80	44.20	37.40	40.60
d_i	0.60	2.00	-0.60	1.60	1.20	0.20	2.60	1.00
d_i^2	0.36	4.00	0.36	2.56	1.44	0.04	6.76	1.00

σ_d^2) に従う．ただし，$\sigma_d^2 = \sigma_A^2 + \sigma_B^2$ である．$d_1, d_2, \cdots, d_n$ から平均 $\overline{d}$ を求めると，$\overline{d}$ は正規分布 $N(\mu_A - \mu_B, \sigma_d^2/n)$ に従う．そこで $\overline{d}$ を標準化して，標準正規分布 $N(0, 1^2)$ へ変換する．$d_1, d_2, \cdots, d_n$ の偏差平方和 $S_d = \sum_{i=1}^n (d_i - \overline{d})^2$，不偏分散 $V_d = S_d/(n-1)$ を求めて，

$$t_0 = \frac{\overline{d}}{\sqrt{V_d/n}} \tag{5.23}$$

とおくと，この t_0 は自由度 $\nu = n-1$ の t 分布に従う．この(5.23)式の検定統計量を用いて検定する．ここで有意水準を $\alpha = 0.05$ とする．

● 棄却域を求めると，棄却域は $|t_0| \geqq t_\alpha(\nu) = t_{0.05}(7)$ となる．

表5.2より平均値 $\overline{d}$，平方和 S_d，分散 V_d を計算して t_0 値を求める．

$$\sum_{i=1}^8 d_i = 8.60, \quad \sum_{i=1}^8 d_i^2 = 16.52, \quad \overline{d} = \frac{\sum_{i=1}^8 d_i}{8} = \frac{8.60}{8} = 1.075$$

$$S_d = \sum_{i=1}^n d_i^2 - \frac{\left(\sum_{i=1}^n d_i\right)^2}{n} = 16.52 - \frac{8.60^2}{8} = 7.275$$

$$V_d = \frac{S_d}{n-1} = \frac{7.275}{7} = 1.039$$

$$t_0 = \frac{\overline{d}}{\sqrt{V_d/n}} = \frac{1.075}{\sqrt{1.039/8}} = 2.982$$

となる．

手順3)　t 分布表より両側5%の数値を用いて棄却域から判定する．

$|t_0| = 2.982 > t_{0.05}(7) = 2.365$ となるので，帰無仮説は棄却され5%有意となる．すなわち，A法とB法では甘み度に差がある．

A法とB法の甘み度における母平均の差の95%信頼区間推定を行うと,

$$\bar{d} \pm t_{0.05}(7)\sqrt{V_d/n} = 1.075 \pm 2.365 \times \sqrt{1.039/8} = 1.075 \pm 0.852$$

$$\iff 0.223 \sim 1.927$$

となり,母平均の差の95%信頼区間は0.223〜1.927となる.

5.4 計数値の検定と推定

出現頻度を示す母集団分布が2項分布やポアソン分布という分布に従うデータが計数値データである.マーケティング調査での商品の支持率Pなどがこれに相当する.また,製造における不良率Pもよく計数値データの代表とされる.これらは2項分布に従う.そこで本節は,これら2項分布に従う不良率や支持率の検定と推定の方法を紹介する.百貨店の来店客で1日に五百万円以上買い物をする顧客の数や,製造での欠点でまれにしか起こらないような数の少ない計数データの場合には,ポアソン分布という分布になるが,ポアソン分布の場合でも,まれにしか起こらない欠点の出現数の期待値や標準偏差を用いれば,2項分布と全く同じようにして検定や推定ができる.したがって本節では,2項分布を中心にして計数値データの検定と推定について紹介することにする.

前節の計量値データの確率分布は正規分布をすることから,その検定・推定についての検定統計量も正規分布と対応させることができた.計数値データの代表的な確率分布は2項分布である.しかし,この確率分布も,ある条件が満たされるときは,2.5節で述べたように正規近似することができる.したがって,計数値データの検定・推定方法を示す前に,2項分布の正規分布への近似基本事項について整理して示す.

[近似基本事項1]
　支持者の数xが2項分布$B(n, P)$に従うとき,nPおよび$n(1-P)$の値がおよそ5以上なら,xは近似的に正規分布$N(nP, nP(1-P))$に従う.

この P は母支持率や母不良率である．

[近似基本事項 2]

x が2項分布 $B(n, P)$ に従うとき，nP および $n(1-P)$ の値がおよそ5以上なら，$p = x/n$ は近似的に正規分布 $N(P,\ P(1-P)/n)$ に従う．

[近似基本事項 3]

p を標準化すれば，
$$z = \frac{p - P}{\sqrt{P(1-P)/n}} \tag{5.24}$$

となる．この z は近似的に標準正規分布 $N(0,\ 1^2)$ に従う．

[近似基本事項 4]

x_1 が2項分布 $B(n_1, P_1)$ に従い，x_2 も2項分布 $B(n_2, P_2)$ に従い，かつ x_1 と x_2 は互いに独立ならば，母支持率 P_1 と P_2 はそれぞれ $\hat{P_1} = p_1 = x_1/n_1$，$\hat{P_2} = p_2 = x_2/n_2$ により推定でき，$(p_1 - p_2)$ は近似的に正規分布

$$N\left(P_1 - P_2,\ \frac{P_1(1-P_1)}{n_1} + \frac{P_2(1-P_2)}{n_2}\right)$$

に従う．

[近似基本事項 5]

$(p_1 - p_2)$ を標準化すれば，
$$z = \frac{(p_1 - p_2) - (P_1 - P_2)}{\sqrt{\dfrac{P_1(1-P_1)}{n_1} + \dfrac{P_2(1-P_2)}{n_2}}} \tag{5.25}$$

この z は近似的に標準正規分布 $N(0,\ 1^2)$ に従う．

[近似基本事項 6]

帰無仮説を $H_0 : P_1 = P_2$ と設定し，$P_1 = P_2 = P$ とおくと (5.25) 式は
$$z = \frac{p_1 - p_2}{\sqrt{P(1-P)\left(\dfrac{1}{n_1} + \dfrac{1}{n_2}\right)}} \tag{5.26}$$

となり，この z は H_0 の下で近似的に標準正規分布 $N(0, 1^2)$ に従う．(5.26)式における平方根の中の P は，次の (5.27) の推定量でおき換えることができる．すなわち，$P_1 = P_2 = P$ である場合には，第 1 母集団と第 2 母集団は母支持率に関して同じ母集団としてよいため，両者を合併した母集団から標本サイズ $n_1 + n_2$ の考えられる標本を選んできて，$x_1 + x_2$ 人の支持者が見出されたと考えられる．したがって，P は

$$\hat{P} = \overline{p} = \frac{x_1 + x_2}{n_1 + n_2} \tag{5.27}$$

から推定できる．この $\overline{p}$ を (5.26) 式に代入して

$$z_0 = \frac{p_1 - p_2}{\sqrt{\overline{p}(1-\overline{p})\left(\dfrac{1}{n_1} + \dfrac{1}{n_2}\right)}} \tag{5.28}$$

を得る．この z_0 は H_0 の下で近似的に標準正規分布 $N(0, 1^2)$ に従う．

計数値データの場合は，この近似基本事項を用いて検定・推定ができる．

5.4.1 母支持率における検定と推定

母支持率 P に関する検定と推定について次の自社商品の支持率を例にして考える．

> **例 5.4** 最近東京での自社商品の売り上げが非常に好調で，その東京での支持率は 80% くらいあると考えている．神戸市でも 100 人をランダムサンプリングして調査したところ，75 人の人から自社商品を使ってみたいという支持を得た．やはり支持率は東京と同じく 80% あると考えてよいのだろうか．

手順 1) 帰無仮説は $H_0 : P = P_0$ $(P_0 = 0.80)$ であり，対立仮説は $H_1 : P \neq P_0$ の両側仮説である．

手順 2) 正規分布への近似条件を検討すると，

$$nP_0 = 100 \times 0.80 = 80 \geqq 5, \quad n(1-P_0) = 100 \times (1-0.80) = 20 \geqq 5$$

であるので，正規近似する．そして，有意水準を $\alpha = 0.05$ として，帰無仮説下で (5.24) 式より検定統計量を計算する．

$$p = 75/100 = 0.75,$$

$$z_0 = \frac{p - P_0}{\sqrt{P_0(1-P_0)/n}} = \frac{0.75 - 0.80}{\sqrt{0.80(1-0.80)/100}} = -1.25$$

となる．この z_0 が近似的に標準正規分布 $N(0, 1^2)$ に従う．

両側検定だから，棄却域は $|z_0| \geqq K_{0.025} = 1.96$ となる．

手順 3) $|z_0| = 1.25 < K_{\frac{0.05}{2}} = 1.96$ なので，帰無仮説の $H_0 : P = P_0$ ($P_0 = 0.80$) は棄てられない．すなわち，神戸でも東京の支持率 80%と変わっているとはいえない．

次に，神戸での母支持率を，調査結果の支持率 0.75 から推定すると，95%の信頼区間は，

$$p - K_{\frac{0.05}{2}}\sqrt{\frac{p(1-p)}{n}} < P < p + K_{\frac{0.05}{2}}\sqrt{\frac{p(1-p)}{n}}$$

$$\Rightarrow 0.75 - 1.96\sqrt{0.75(1-0.75)/100} < P$$
$$< 0.75 + 1.96\sqrt{0.75(1-0.75)/100}$$

$$\Rightarrow 0.75 - 1.96 \times 0.0433 < P < 0.75 + 1.96 \times 0.0433$$

$$\Rightarrow 0.66 < P < 0.84$$

となる．100 人位の支持率の調査においては，その推定値には幅があることがわかる．

ここで，10,000 人の調査を実施して，その結果の支持率が 75%=0.75 だったとすると，区間幅は 10 分の 1 となる．したがって，$0.75 - 1.96 \times 0.00433 < P < 0.75 + 1.96 \times 0.00433$ となり，$0.74 < P < 0.76$ と推定の幅がせまくなる

ことがわかる．したがって，マーケティング調査で自社商品の支持率を確実に推定するためには，サンプル数は 1 万位を必要としなければならないことがわかる．

5.4.2 母支持率の差に関する検定と推定

次のような 2 組の支持率の差を検定・推定する方法を示す．

> **例 5.5** 自社の新化粧品を北海道と関東地区に積極展開して 2 年が経過した．もともと本社は札幌市にあるので自社化粧品の札幌市での支持率は高い．今回，関東地区の状況を捉えるために，横浜市において自社商品の支持率を調査することにした．そして，横浜市も札幌市並みの支持率にしたいと考えている．そこで，念のために札幌市で対象消費者 $n_1 = 120$ 人を相手に支持者の数を調査したら $m_1 = 102$ 人であった．同じく横浜市の対象消費者 $n_2 = 100$ 人においては $m_2 = 75$ 人であった．札幌市と横浜市での支持率は同じといえるのだろうか．

手順 1) 帰無仮説は $H_0 : P_1 = P_2$ であり，対立仮説は $H_1 : P_1 \neq P_2$ の両側仮説である．

手順 2) 正規分布への近似条件を検討すると，

$$m_1 = 102 > 5, n_1 - m_1 = 120 - 102 = 18 > 5$$

$$m_2 = 75 > 5, n_2 - m_2 = 100 - 75 = 25 > 5$$

であるので，正規近似している．有意水準 α を $\alpha = 0.05$ として検定する．

帰無仮説下で (5.27)(5.28) 式より検定統計量を計算する．$p_1 = m_1/n_1 = 102/120 = 0.85$，$p_2 = m_2/n_2 = 75/100 = 0.75$ となり，(5.27) 式から

$$\hat{P} = \bar{p} = \frac{m_1 + m_2}{n_1 + n_2} = \frac{102 + 75}{120 + 100} = 0.805$$

第 5 章 統計的推定・検定

また(5.28)式より

$$z_0 = \frac{p_1 - p_2}{\sqrt{\overline{p}(1-\overline{p})\left(\dfrac{1}{n_1}+\dfrac{1}{n_2}\right)}}$$

$$= \frac{0.85 - 0.75}{\sqrt{0.805(1-0.805)\left(\dfrac{1}{120}+\dfrac{1}{100}\right)}} = 1.864$$

となる．

手順3) この z_0 が近似的に標準正規分布 $N(0, 1^2)$ に従うので，棄却域は $|z_0| > K_{\frac{0.05}{2}} = 1.96$ となる．したがって，この化粧品のターゲットとする顧客の支持率は，札幌市と横浜市とでは，有意水準 5% で違いがあるとはいえない．

次にこの化粧品における札幌市と横浜市における支持率の差の推定を行う．札幌市と横浜市の支持率の差についての 95% の信頼区間は，

$$(p_1 - p_2) - K_{\frac{0.05}{2}}\sqrt{\frac{p_1(1-p_1)}{n_1}+\frac{p_2(1-p_2)}{n_2}} < P_1 - P_2$$

$$< (p_1 - p_2) + K_{\frac{0.05}{2}}\sqrt{\frac{p_1(1-p_1)}{n_1}+\frac{p_2(1-p_2)}{n_2}}$$

から推定できる．すなわち，

$$(0.85 - 0.75) - 1.96\sqrt{\frac{0.85(1-0.85)}{120}+\frac{0.75(1-0.75)}{100}} < P_1 - P_2$$

$$< (0.85 - 0.75) + 1.96\sqrt{\frac{0.85(1-0.85)}{120}+\frac{0.75(1-0.75)}{100}}$$

となるので，

$$-0.006 < P_1 - P_2 < 0.206$$

となる．

5.4.3 適合度の検定

T銀行では，日曜日は休日で，その他の曜日は1日 (24時間) 中ATMによるとり扱いを実施している．この1年間にATMが停止するトラブル発生件数は，次の表5.3のようであった．このような場合には，ATMの停止トラブルがある特定の曜日に発生しやすいのかどうかが関心の対象となるであろう．この場合は，「各曜日とも同じ確率でATMの停止トラブルが発生する」という内容を帰無仮説に設定して，「曜日によってATMの停止トラブルの発生する確率が異なる」を対立仮説にした，次の**適合度の検定** (test of goodness of fit) を行うことになる．

そこで，いま一般にある属性A (ここではATMの故障) の総発生件数 n が，k 種の級 (class) (**カテゴリー** (category)) ともいう．ここでは曜日ごとに分類されたとき，観測された度数 (observed frequency) が，$f_1, f_2, \cdots, f_k$ ($f_1+f_2+\cdots+f_k = n$) となったとする．これが，各カテゴリーの理論発生確率 $p_1, p_2, \cdots, p_k$ に適合しているかを調べるためには，各曜日にトラブルが生じる**期待度数** (expected frequency) $np_1, np_2, \cdots, np_k$ と観測度数とを比べることになる．すなわち，

$$\chi_0^2 = \sum_{i=1}^{k} \frac{(f_i - np_i)^2}{np_i} \tag{5.29}$$

となる．すなわち，Karl Pearson (1857〜1936) の χ^2 統計量で表される (5.29) 式の適合度基準で判断することになる．この χ^2 統計量は，n が大きいとき，自由度 $\nu = k - 1$ の χ^2 分布に近似的に従うことがわかっている．この χ^2 統計量は，Pearsonが1900年に，標本データの分布が理論分布とどの程度適合するかを論じるために発見した判定基準であり，これを適合度の検定と呼んでいる．

表5.3の例を考えてみよう．すなわち「各曜日とも同じ確率でATMが停止す

表5.3 T銀行の曜日別のATM停止件数

月曜日	火曜日	水曜日	木曜日	金曜日	土曜日
6件	8件	5件	4件	12件	7件

第 5 章 統計的推定・検定

るトラブルが発生する」という内容を帰無仮説に設定し，「曜日によって ATM が停止するトラブルの発生する確率が異なる」を対立仮説として，χ^2 統計量による適合度の検定を行うことになる．

手順 1)　帰無仮説は H_0：「各曜日とも同じ確率で ATM の停止トラブルが発生する」であり，対立仮説は H_1：「曜日によって ATM の停止トラブルの発生確率が異なる」となる．

手順 2)　帰無仮説の下では，どの曜日にも等しい確率でトラブルが発生するので，この 1 年間の全トラブル件数 $n = f_1 + f_2 + \cdots + f_k = 6+8+5+4+12+7 = 42$ を等しい確率で各曜日に配分する．$42 \div 6 = 7$ であるから，期待度数は次のようになる．

$$np_1 = np_2 = \cdots = np_k = 7$$

これより，表 5.3 の観測データが，その期待度数の発生件数からどれくらい離れているかを χ^2 統計量で求める．

$$\chi_0^2 = \frac{(6-7)^2}{7} + \frac{(8-7)^2}{7} + \frac{(5-7)^2}{7}$$
$$+ \frac{(4-7)^2}{7} + \frac{(12-7)^2}{7} + \frac{(7-7)^2}{7} = 5.71$$

手順 3)　ここで棄却域は $\chi_0^2 \geqq \chi_\alpha^2(k-1)$ となる．有意確率を $\alpha = 0.05$ として χ^2 表の $\chi_{0.05}^2(6-1) = 11.07$ と比較する．$\chi_0^2 = 5.71 \leqq \chi_{0.05}^2(6-1) = 11.07$ となるので，このトラブル発生件数の出方では，「各曜日とも同じ確率で ATM の停止トラブルが発生する」という仮説は捨てられない．

　ここで，n が大きいことから，この χ^2 統計量は，自由度 $\nu = k-1$ の χ^2 分布に従うことを証明する．簡単にするために $k = 2$ とする．$f_2 = n - f_1$，$p_2 = 1 - p_1$ となり，f_1 は 2 項分布に従うので，その平均は $\mu = np_1$，標準偏差は $\sigma = \sqrt{np_1(1-p_1)}$ である．

$$\begin{aligned}
\chi_0^2 &= \frac{(f_1-np_1)^2}{np_1} + \frac{(f_2-np_2)^2}{np_2} = \frac{(f_1-np_1)^2}{np_1} + \frac{\{n-f_1-n(1-p_1)\}^2}{n(1-p_1)} \\
&= \frac{(f_1-np_1)^2}{np_1} + \frac{(np_1-f_1)^2}{n(1-p_1)} = \frac{(f_1-np_1)^2}{np_1(1-p_1)} = \left\{\frac{f_1-np_1}{\sqrt{np_1(1-p_1)}}\right\}^2
\end{aligned}$$
(5.30)

これより第4章の(4.6)式からわかるように，{　}内はnが大のとき標準正規分布に従い，{　}^{2}は自由度$\nu=2-1=1$のχ^2分布$\chi^2(1)$分布に従うことが示される．

5.4.4　分割表による検定

次の表5.4による観測データは，ある企業における職種と喫煙習慣について調査した結果である．この表は，1.4.3項で説明した分割表である．これより，表側の職種により表頭の喫煙習慣は異なるといえるかどうか検定する方法を示す．社会科学や企業データではよく得られるデータなので，本項の方法はよく活用されている．

ある対象の数n(ここでは調査対象の従業員数193人)に対して，2つの異なる事象A(表側)，B(表頭)を同時に測定したとする．AはカテゴリーA_1，A_2，$\cdots$，A_aに，BはB_1，B_2，$\cdots$，B_bのカテゴリーに分割されているとする．ここでは，Aは職種の群，Bは喫煙習慣群の違いである．この2つの事象について度数(ここでは該当者数)を集計することにより，表5.5のような一般的な形

表5.4　職種と喫煙習慣との関係[Greenacre(1984年)のデータから引用]

喫煙習慣 職種	ノン	ライト	ミディアム	ヘビー	行の和
上級管理職	4	2	3	2	11
中間管理職	4	3	7	4	18
上級労働者	25	10	12	4	51
労働者	18	24	33	13	88
秘書	10	6	7	2	25
列の和	61	45	62	25	193

表 5.5　分割表の一般的な形式 － $a \times b$ 分割表－

A＼B	B_1	B_2	$\cdots$	B_b	計
A_1	f_{11}	f_{12}	$\cdots$	f_{1b}	$f_{1.}$
A_2	f_{21}	f_{22}	$\cdots$	f_{2b}	$f_{2.}$
$\cdots$	$\cdots$	$\cdots$	$\cdots$	$\cdots$	$\cdots$
A_a	f_{a1}	f_{a2}	$\cdots$	f_{ab}	$f_{a.}$
計	$f_{.1}$	$f_{.2}$	$\cdots$	$f_{.b}$	n

式の $a \times b$ の**分割表**(contingency table)が得られる.

表5.4は5×4の分割表であるが,実際には行や列にある事象のカテゴリー数はもっと多くてもよい.そして,この分割表において,表側の事象と表頭の事象が**独立**(independence)とは,2.2節の確率のところで述べたように,$A_i \cap B_j$ の各確率について,すべての i, j に対して,

$$\Pr\{A_i \cap B_j\} = \Pr\{A_i\}\Pr\{B_j\} \tag{5.31}$$

であることをいう.つまり,A_1, A_2, $\cdots$, A_a の条件つき確率が,すべての B_j によらなく,$\Pr\{A_i | B_j\} = \Pr\{A_i\}$ となり,また,B_1, B_2, $\cdots$, B_b の条件付き確率が,すべて A_i によらなく $\Pr\{B_j | A_i\} = \Pr\{B_j\}$ になることをいう.

そこで,$\Pr\{A_i \cap B_j\} = p_{ij}$, $\Pr\{A_i\} = p_{i.}$, $\Pr\{B_j\} = p_{.j}$ と表せば,(5.31)式で表せる独立とは,すべての i, j に対し $p_{ij} = p_{i.} \times p_{.j}$ が成立することを意味する.すなわち,得られた $a \times b$ の分割表の度数(ここでは該当者数)が,事象 A と B を独立とした場合の期待度数に,どれだけ近いかあるいは離れているかにより,独立といえるかどうかを判断すればよいことになる.$p_{i.}$ と $p_{.j}$ は,表5.5の分割表の周辺度数 $f_{i.}$ と $f_{.j}$ に対応するから,$p_{i.}$ と $p_{.j}$ を相対度数による推定値 $\hat{p}_{i.} = f_{i.}/n$, $\hat{p}_{.j} = f_{.j}/n$ におき換えればよく,$\Pr\{A_i \cap B_j\} = p_{ij}$ は推定値 $\hat{p}_{ij} = \hat{p}_{i.}\hat{p}_{.j} = f_{i.}/n \times f_{.j}/n$ におき換えればよい.したがって,確率 p_{ij} の理論度数は $n\hat{p}_{ij} = n(f_{i.}/n \times f_{.j}/n) = f_{i.}f_{.j}/n$ となる.ここで,n が大きいとき,適合度の検定基準を用いれば,**独立性の χ^2 検定**(test for independence)の基準

として，

$$\chi_0^2 = \sum_i \sum_j \frac{(f_{ij} - f_{i.}f_{.j}/n)^2}{f_{i.}f_{.j}/n} = \sum_i \sum_j \frac{(nf_{ij} - f_{i.}f_{.j})^2}{nf_{i.}f_{.j}} \quad (5.32)$$

を得る．χ^2 分布の自由度 ν は，$\nu = (a-1)(b-1)$ となる．そこで表 5.4 の職種と喫煙習慣を例に，職種と喫煙習慣とには関連があるかどうか検定する．

手順 1) 仮説は帰無仮説として H_0：喫煙習慣 B_1, B_2, $\cdots$, B_b のカテゴリーが発生する確率は，職種 A_1, A_2, $\cdots$, A_a のカテゴリーによって違いはない（この反対でもよい）となる．

手順 2) 有意水準 $\alpha = 0.05$ とおいて，(5.32) より χ_0^2 統計量を計算する．

$$\begin{aligned}
\chi_0^2 = & \frac{(193 \times 4 - 61 \times 11)^2}{193 \times 61 \times 11} + \frac{(193 \times 4 - 61 \times 18)^2}{193 \times 61 \times 18} \\
& + \frac{(193 \times 25 - 61 \times 51)^2}{193 \times 61 \times 51} + \frac{(193 \times 18 - 61 \times 88)^2}{193 \times 61 \times 88} \\
& + \frac{(193 \times 10 - 61 \times 25)^2}{193 \times 61 \times 25} + \frac{(193 \times 2 - 45 \times 11)^2}{193 \times 45 \times 11} \\
& + \frac{(193 \times 3 - 45 \times 18)^2}{193 \times 45 \times 18} + \frac{(193 \times 10 - 45 \times 51)^2}{193 \times 45 \times 51} \\
& + \frac{(193 \times 24 - 45 \times 88)^2}{193 \times 45 \times 88} + \frac{(193 \times 6 - 45 \times 25)^2}{193 \times 45 \times 25} \\
& + \frac{(193 \times 3 - 62 \times 11)^2}{193 \times 62 \times 11} + \frac{(193 \times 7 - 62 \times 18)^2}{193 \times 62 \times 18} \\
& + \frac{(193 \times 12 - 62 \times 51)^2}{193 \times 62 \times 51} + \frac{(193 \times 33 - 62 \times 88)^2}{193 \times 62 \times 88} \\
& + \frac{(193 \times 7 - 62 \times 25)^2}{193 \times 62 \times 25} + \frac{(193 \times 2 - 25 \times 11)^2}{193 \times 25 \times 11} \\
& + \frac{(193 \times 4 - 25 \times 18)^2}{193 \times 25 \times 18} + \frac{(193 \times 4 - 25 \times 51)^2}{193 \times 25 \times 51} \\
& + \frac{(193 \times 13 - 25 \times 88)^2}{193 \times 25 \times 88} + \frac{(193 \times 2 - 25 \times 25)^2}{193 \times 25 \times 25} = 16.442
\end{aligned}$$

手順 3) 棄却域は $\chi_{0.05}^2 \{\nu = (5-1)(4-1) = 12\} = 21.0261$ であることから，$\chi_0^2 = 16.442 \leqq \chi_{0.05}^2(12) = 21.0261$ となり，有意水準 5% では，職種と喫煙習慣のとでは独立性の仮説は棄却されず，職種と喫煙習慣とは関係があるとはい

えないとなる.

　この例は，他の解析法，例えばコレスポンデンスアナリシスでは，職種と喫煙習慣とは関連があるかのようにしてよく紹介されている事例ではあるが，独立性の検定である χ^2 検定では有意にはならない.

第6章
多次元データの分析法

　これまでの章で扱ってきた観測データは，標本集団における 1 次元のデータと対（相関）になっている 2 次元までのデータについてであった．しかし，流通，経営，経済などのビジネス現場で実際にとり扱わなければならない観測データは，日によって変化していく売上高であり，また一方では広告宣伝費，展示会の開催数，顧客訪問回数などのいくつかの要因を方策展開した結果として表れる売上高である．

　前者の売上高は，時間の経過と順序にあわせて観測された事象データの変遷であり，時間の経過が加わった 2 次元以上のデータである．これを**時系列**(time series)と呼び，それらを対象とした解析を**時系列分析**(time series analysis)と呼ぶ．このような例には，株価や為替レートの経済現象の記録からはじまり，気圧，気温や雨量などの気象情報，地震波の記録など数多くがある．

　後者の売上高は，広告宣伝費，展示会の回数や集客数，顧客訪問回数などの要因に対する結果である．この場合には，多くの要因から結果として売上高がどのように表れるかを予測したり，売上高を上げるために効果のある要因は何かを探ることが分析の対象となる．これらの分析法では，回帰直線を多次元データまで拡張した重回帰分析がよく用いられる．

　本章では，多次元データを扱う分析法として，基本的な時系列分析の方法と，多変量解析諸法の 1 つである重回帰分析について解説する．そして，本章を通じて統計学が奥深く幅広いことを知っていただく．

6.1　時系列分析

　時系列データの特徴を把握するためには，図 6.1 のような名目 GDP の比率

第 6 章　多次元データの分析法

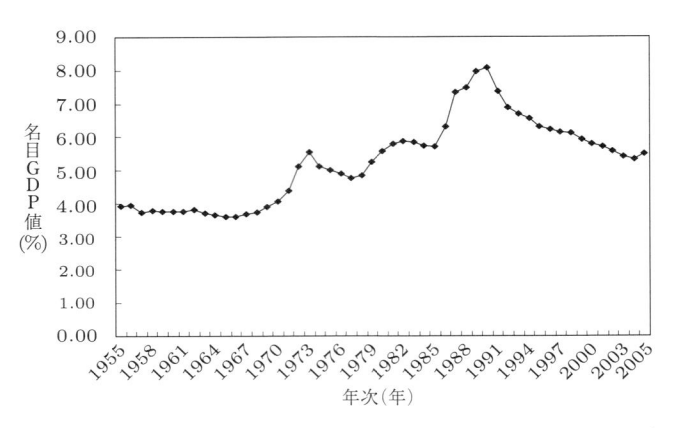

図 6.1　内閣府が発表した名目 GDP の 1955 年から 2005 年までの推移

の年次推移をグラフで示すように，時間と共に変化する過程を図示することからはじまる．多くの場合，このグラフ表示から次に進むべき分析の方法や用いるべきモデルに関する情報が得られる．

図 6.1 の名目 GDP は，10 年周期で循環しながらも，長い年次で見ると右肩上がりのように考えることもできるし，あるいは日本のバブル景気がはじけた 1991 年前後をピークに 2 次曲線とみなして，近年は下降していると考えることもできる．また 2005 年からは景気回復が見られ，上昇が期待できると読み，今後を含めて 3 次元曲線になると考えることもできる．このように，ある現象の時間的変動について何らかの法則性を見つけていこうとするのが時系列分析である．

この時系列分析の目的は大きく次の 4 つにある．

① 時系列をグラフ化し，後述する移動平均法や季節指数，また後述する自己相関係数に基づくコレログラムなどの定量的分析によって，時系列の特徴を簡潔に表現記述する．

② 過去から現在までの得られた時系列データの変動過程から，今後の変動を予測する．

③ 得られた時系列データに対して，その変動の仕方を再現できる時系列モ

デルを構成し，時系列の確率的構造を解析する．そして，その時系列モデルの適切なパラメーターを推定する．

　この場合，時間の経過と共に偶然変動していく過程を確率過程と呼び，確率過程では母平均などの母数は定数ではなく，時間の関数としてとり扱うことになる．

④　時系列データから，目的に応じた必要な情報や信号を抽出する．そのために対象の特徴や目的に応じて③による適切なモデリング設定を行うことになる．

本書は，時系列分析の基本となる①，②の目的についての分析法を解説する．
まず，時系列データ分析では，データ値の意味する内容を十分理解して分析にとりかかる必要がある．経済データを収集・加工して定期的に公表している官庁の統計や民間の経済研究所のエコノミストによる景気分析などでは，いずれのデータも何らかの指標値として加工変換していることが多い．したがって，データが示す指標値の正確な定義を学術書などで確認して分析することが重要である．例えば，国内総生産 GDP(gross domestic product)とは，名目 GDP と実質 GDP とで構成されている．いずれもその年の経済活動の水準結果を示すものである．しかし，名目 GDP は，その年に生産された財について，それぞれの生産数量に市場名目価格を乗じて生産された価値を算出し，それを合計して求めたものであるのに対し，実質 GDP は，景気による物価変動による影響をとり除き，その年に生産された財の実質的な価値を算出したものである．経済の実状を知る上では実質 GDP がより重視されるが，国内総生産の変遷を同じ尺度で前年度と比べて見ていくという場合には，名目 GDP の方が適している．

ところで，図 6.1 のところで述べたように，時系列データの推移からその変動を分解してみると，次のようになる．

(a)　まず長期期間にわたる全体の**傾向変動**(trend)があり，

(b)　次に，ある期間の長さ内で繰り返す**周期的変動**(period variability)があり，

(c)　最後は，変動の法則が捉えられない**偶然変動**(chance variability)がある．

第 6 章 多次元データの分析法

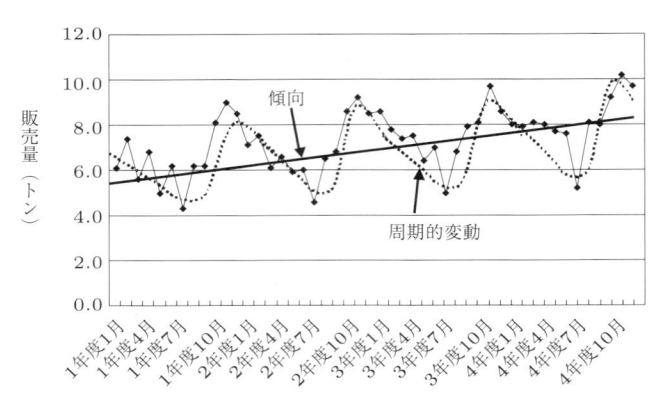

図 6.2 かまぼこを包むフィルムの販売量の時系列推移

図 6.2 は，かまぼこを包むフィルム販売量の推移を示したグラフである．ある年度からを 1 年度とし，3 年度の終わりまでを時系列のグラフとした．これからわかるように，かまぼこのフィルムは年々少しづつ販売量が増える傾向があり，さらに夏場には販売量は少なくお正月前後になると販売量が増加するという周期的変動が加わり，さらに周期的変動の回りに偶然変動が加わり，実際の販売量の推移となっていることがわかる．

6.1.1 傾向変動の分析

傾向変動を求める代表的な分析法は，回帰直線が用いられる．時間軸 t に対するある対象事象値を x_i とすると，図 6.3 の傾向変動のような 1 次式となる場合は，時間軸を説明変数として，

$$\hat{x}_t = a + bt \tag{6.1}$$

のような関係式を導けばよい．もし，図 6.4 のように 2 次式の関係にあると判断した場合には，後述する重回帰分析の方法を用いて，

$$\hat{x}_t = a + b_1 t + b_2 t^2 \tag{6.2}$$

6.1 時系列分析

表 6.1　図 6.1 のグラフの元データである名目 GDP 比率(1955 年〜2005 年)

年度	時間軸	名目GDP比率	年度	時間軸	名目GDP比率	年度	時間軸	名目GDP比率
1955	1	3.91	1975	21	4.99	1995	41	6.31
1956	2	3.94	1976	22	4.89	1996	42	6.23
1957	3	3.73	1977	23	4.76	1997	43	6.15
1958	4	3.79	1978	24	4.84	1998	44	6.11
1959	5	3.76	1979	25	5.26	1999	45	5.93
1960	6	3.74	1980	26	5.58	2000	46	5.79
1961	7	3.74	1981	27	5.78	2001	47	5.72
1962	8	3.80	1982	28	5.87	2002	48	5.58
1963	9	3.70	1983	29	5.85	2003	49	5.41
1964	10	3.63	1984	30	5.74	2004	50	5.34
1965	11	3.59	1985	31	5.71	2005	51	5.40
1966	12	3.59	1986	32	6.31			
1967	13	3.66	1987	33	7.35			
1968	14	3.73	1988	34	7.47			
1969	15	3.88	1989	35	7.97			
1970	16	4.04	1990	36	8.08			
1971	17	4.37	1991	37	7.38			
1972	18	5.12	1992	38	6.87			
1973	19	5.55	1993	39	6.69			
1974	20	5.11	1994	40	6.54			

(出典)　内閣府編集：『平成 18 年版 経済財政白書』，2006 より抜粋.

の関係式を導けばよい．

表 6.1 は図 6.1 の名目 GDP 比率の年次推移グラフの元データである．ここで，時間軸は 1955 年を 1 としてはじめると，2005 年までが 51 となる．この時間軸を t とおき，名目 GDP を x_t として回帰直線により (6.1) の関係式を求めると $\hat{x}_t = 3.568 + 0.065t$ となる．図 6.3 の直線がそれを表している．

同様に，2 次式として (6.2) の関係式を求めると $\hat{x}_t = 2.600 + 0.175t + 0.002t^2$ となり，図 6.4 の 2 次曲線がそれを表している．

新聞や TV のニュースなどで我々がよく目にする経済の時系列データの多くは，国内外の官庁関係が作成して公表している．そしてそれらのデータは，季節成分をとり除いて換算した季節調整値が多く，それにより傾向変動をとり出し，その法則を発表している．そこで次に，この季節性をとり除く分析法である移動平均法について解説する．

第 6 章 多次元データの分析法

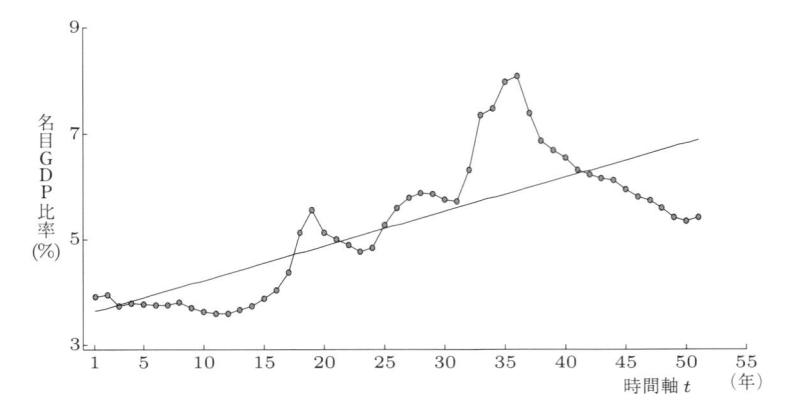

図 6.3　1955 年を 1 とおき 2005 年までを時間軸とした名目 GDP の 1 次式関係

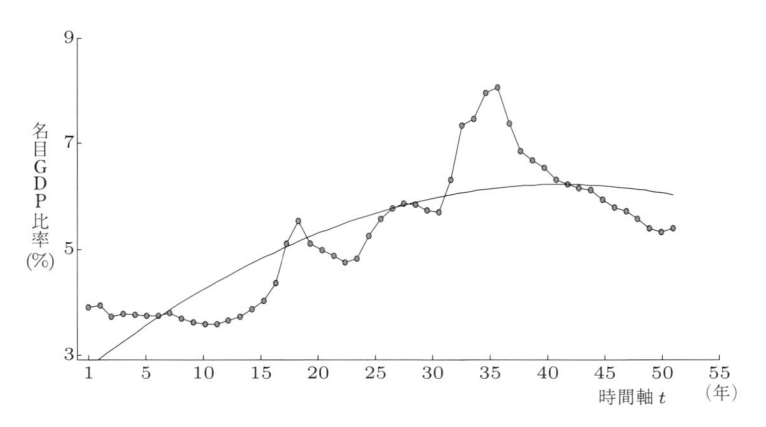

図 6.4　1955 年を 1 とおき 2005 年までを時間軸とした名目 GDP の 2 次式関係

（1）移動平均（moving average）法

移動平均法は，時系列データを前後の数値により平均化することで季節性を平滑化しようとする考え方である．

いま時系列データの原系列を $x_1, x_2, x_3, \cdots, x_T$，すなわち $\{x_t; 1 \leqq t \leqq T\}$ あるいは簡単に $\{x_t\}$ とする．このとき T は，**時系列の長さ**（length of time series）である．i 点の移動平均は，ある時点 t のデータ x_t について前後それぞれ k 時

点ずつ計 $i = k+1+k = 2k+1$ 個のデータをとり，その算術平均を求める．

$$\hat{x}_{t(i)} = \frac{1}{2k+1}(x_{t-k} + x_{t-k+1} + \cdots + x_t + \cdots + x_{t+k-1} + x_{t+k}) \quad (6.3)$$

と表せ，新しい時系列データの系列 $x_{t(i)}$ を作り出すことができる．

表 6.2 は，図 6.2 の時系列グラフのベースとなったフィルム製造業におけるかまぼこ用の包材フィルムの実販売量データである．このデータ表より奇数月における移動平均値を求める場合は，例えば 3 ヶ月の移動平均値とすると，$2k+1 = 3$ より $k = 1$ となり，時点 3 の値は，

$$\hat{x}_{3(3)} = \frac{1}{3}(7.4 + 5.6 + 6.8) = 6.60$$

となる．同様にして他の時点 2 から 47 までの計算結果値を表 6.2 の 3 点移動平均の列に示す．この 3 ヶ月移動平均値の時系列グラフが図 6.5 である．

図 6.5 の 3 ヶ月移動平均値グラフからは，7 時点から 12 時点 (1 年) ごとに販売量が下がる傾向があると考えられる．

移動平均法の場合には，移動平均の区間が周期に一致すれば周期変動の影響が消えるので，次に 12 ヶ月の 12 点の移動平均を求めてみる．偶数時点の移動平均値は，1 時点だけを余分にとって両端時点に 1/2 の重みをつけて奇数個のデータの加重平均値を求めることになる．例えば，表 6.2 より 9 時点の 12 ヶ月移動平均を求めると，

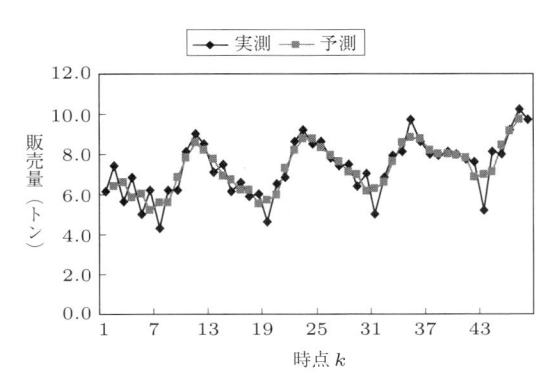

図 6.5 かまぼこフィルム販売量の 3 ヶ月移動平均グラフ

第 6 章 多次元データの分析法

表 6.2 かまぼこの包材フィルムの販売量データ

年月	時点 k	販売量 (t)	3 点移動平均	12 点移動平均
1 年 1 月	1	6.1		
1 年 2 月	2	7.4	6.37	
1 年 3 月	3	5.6	6.60	
1 年 4 月	4	6.8	5.80	
1 年 5 月	5	5.0	6.00	
1 年 6 月	6	6.2	5.17	
1 年 7 月	7	4.3	5.57	6.66
1 年 8 月	8	6.2	5.57	6.70
1 年 9 月	9	6.2	6.83	6.73
1 年 10 月	10	8.1	7.77	6.74
1 年 11 月	11	9.0	8.53	6.77
1 年 12 月	12	8.5	8.20	6.80
2 年 1 月	13	7.1	7.70	6.80
2 年 2 月	14	7.5	6.90	6.83
2 年 3 月	15	6.1	6.73	6.87
2 年 4 月	16	6.6	6.20	6.91
2 年 5 月	17	5.9	6.17	6.94
2 年 6 月	18	6.0	5.50	6.95
2 年 7 月	19	4.6	5.70	7.01
2 年 8 月	20	6.5	5.97	7.09
2 年 9 月	21	6.8	7.30	7.15
2 年 10 月	22	8.6	8.20	7.25
2 年 11 月	23	9.2	8.77	7.30
2 年 12 月	24	8.5	8.77	7.37
3 年 1 月	25	8.6	8.30	7.43
3 年 2 月	26	7.8	7.93	7.45
3 年 3 月	27	7.4	7.57	7.51
3 年 4 月	28	7.5	7.10	7.54
3 年 5 月	29	6.4	6.97	7.54
3 年 6 月	30	7.0	6.13	7.56
3 年 7 月	31	5.0	6.27	7.54
3 年 8 月	32	6.8	6.57	7.52
3 年 9 月	33	7.9	7.60	7.55
3 年 10 月	34	8.1	8.57	7.60
3 年 11 月	35	9.7	8.80	7.68
3 年 12 月	36	8.6	8.77	7.76
4 年 1 月	37	8.0	8.17	7.79
4 年 2 月	38	7.9	8.00	7.85
4 年 3 月	39	8.1	8.00	7.91
4 年 4 月	40	8.0	7.93	7.96
4 年 5 月	41	7.7	7.77	8.03
4 年 6 月	42	7.6	6.83	8.10
4 年 7 月	43	5.2	6.97	7.81
4 年 8 月	44	8.1	7.10	
4 年 9 月	45	8.0	8.43	
4 年 10 月	46	9.2	9.13	
4 年 11 月	47	10.2	9.70	
4 年 12 月	48	9.7		

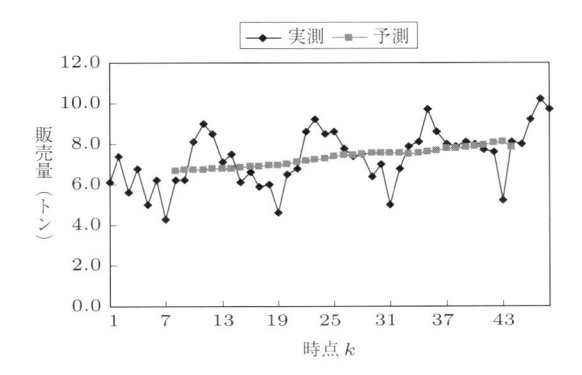

図 6.6 かまぼこのフィルム販売量の 12 ヶ月移動平均グラフ

$$\hat{x}_{9(12)} = \frac{1}{12}\{5.6/2 + 6.8 + 5.0 + 6.2 + 4.3 + 6.2 + (6.2) + 8.1 \\ + 9.0 + 8.5 + 7.1 + 7.5 + 6.1/2\} = 6.73$$

となる．同様にして他の時点の 12 ヶ月移動平均値を求めて，その結果を表 6.2 の 12 点移動平均の列に示す．この値の時系列グラフを示したのが図 6.6 である．

図 6.6 からは，12 ヶ月移動平均では図 6.5 で見られた周期性が消えて，年々かまぼこのフィルム販売量が微増していることが読みとれる．

ここで，既に解説した図 6.1 の名目 GDP は，1 次式か 2 次式のいずれが妥当であるのかを考えるために，この名目 GDP についても 10 年の周期と仮定して，10 年移動平均値を求めてみた．その結果の時系列グラフが図 6.7 である．1955 年から 2005 年までの名目 GDP は，最初の段階では上昇していき，1990 年前後をピークにして 2005 年までは下降するという 2 次曲線を示すと思われる．

実際に内閣府をはじめとする中央官庁が発表する経済指標はこの移動平均法よりもはるかに複雑であるが，季節調整は，この移動平均法の考え方を基礎にした方法で修正されて発表されている．すなわち，実際のデータ処理では，猛暑，暖冬や寒波などの異常気象による変動や，政治的事件による一時的な変動をデータからとり除く必要があるからであり，移動平均して平滑化することで全体的な傾向が導ける．したがって，このような方法は有益とされている．

第 6 章　多次元データの分析法

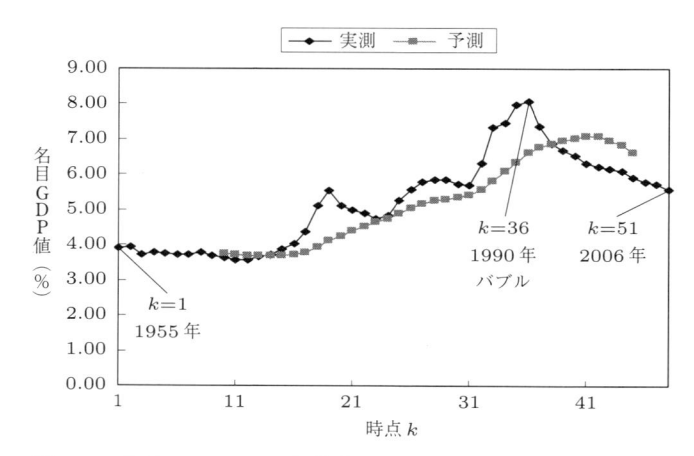

図 6.7　名目 GDP の 10 年移動平均法による結果の時系列グラフ

6.1.2　周期的変動の分析

次に，1 年周期があると思われる周期的変動についてはその周期的変動を抽出して簡単に周期性を導く方法があるのでそれを概説する．

(1) 季節指数

季節指数とは，各月ごとに原系列と 12 ヶ月の移動平均との百分比を求め，変動の総和が 1200（月平均 100）になるように調整した指数のことである．この指数を用いて年平均でならすと，1 年周期の季節指数が導ける．図 6.8 は，実際のフィルム製造業における野菜用の包材フィルムの販売量について季節指数を求めてグラフ化したものである．野菜のフィルムは夏場に需要が多くなり，春や秋は比較的少ないことがわかる．

周期変動の代表的な手法は，自己相関係数に基づくコレログラムであるので，その方法について次に解説する．

(2) コレログラム（correlogram）

コレログラムとは，ある時系列の時間的経過にともなう内部構造の変化と関連の程度を示す，相関の一種である．さて，2 つの変数についての標本データ

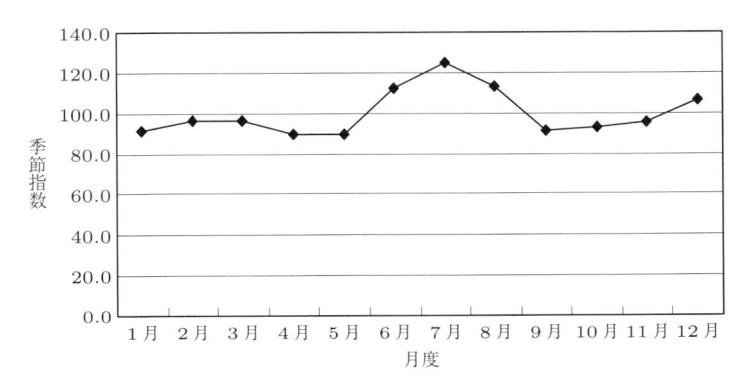

図 6.8　野菜のフィルム販売量の季節指数の推移グラフ

を得たとき,これら2つの変数間の関係を表す指標として相関係数があることは,既に説明した.この考え方を時系列データに応用すると,1つの時系列に対して多数の相関を考えることができる.

いま原系列の時系列データ x_i に対して1時点後ろへずらしたデータを x_{i-1} として,x_i と x_{i-1} との自己相関係数 $r(1)$ を求める.同様に2時点後ろへずらしたデータ x_{i-2} と x_i との自己相関係数 $r(2)$,同様にして3時点,4時点,5時点,と,k 時点後ろへずらした時のデータ x_{i-k} と原系列の x_i との自己相関係数 $r(k)$ を求めることを考える.具体的には $k=3$ の場合は次のような系列になる.

$k=3$

時点 i	1	2	3	4	⋯	⋯	T	$(T+1)$	$(T+2)$	$(T+3)$
x_i 原系列	x_1	x_2	x_3	x_4	⋯	⋯	x_T	—	—	—
x_{i-k} 系列	—	—	—	x_1	x_2	⋯	x_{T-k}	⋯	⋯	x_T

1.4節の相関係数の定義から $\{x_i\}$ と $\{x_{i-k}\}$ の標本自己相関は,

$$r(k) = \frac{\sum_{i=k+1}^{T}(x_i - \overline{x}_{\{k+1,\ T\}})(x_{i-k} - \overline{x}_{\{1,\ T-k\}})}{\sqrt{\sum_{i=k+1}^{T}(x_i - \overline{x}_{\{k+1,\ T\}})^2 \sum_{i=k+1}^{T}(x_{i-k} - \overline{x}_{\{1,\ T-k\}})^2}} \quad (6.4)$$

より求められ,この自己相関係数 $r(k)$ はデータが T まである場合については時間差 $k=1,\ 2,\ 3,\ \cdots,\ T-2$ について考えることができる.

この $r(k)$ を k 次の**標本自己相関係数**(sample autocorrelation coefficient)と

呼ぶ．また後ろへずらした k のことを**ラグ**(lag)と呼ぶ．このラグを横軸にとり，求めた自己相関係数 $r(1)$, $r(2)$, $r(3)$, $\cdots$, $r(k)$ を縦軸にとってグラフにしてコレログラムを作成する．コレログラムにより自己相関係数が高く出て有意となるラグがあれば，この時系列はそのラグに対して周期をもつ．コレログラムの自己相関係数は，はじめのいくつかのラグ k に対してのみ有意となり，後は減衰することが多い．したがって，相関係数が高い最初のラグの長さから周期の長さを検討する．周期性が無い場合は，$k = 0$ の時のみ相関係数が 1 となり，それ以外のラグでは有意とはならない．この方法は計算回数が多く手間がかかるため，以前は原系列のデータの中央値より大きいか小さいかの符号系列を作って，符号検定による簡便法のコレログラムが用いられていた．しかし，近年はコンピュータの発達により，この程度の計算は容易にできるようになったので，周期的な変動を分析するのに，実際の相関係数を計算したこのコレログラムがよく用いられる．

表 6.3 は，ある大型スーパーのある期間における曜日別週順の来店客数を観測したデータ表である．1 週目の月曜日から時点 1，火曜日を時点 2 として順次 7 週目の日曜日の時点 49 までを時系列データとして，28 ラグまでコレログラムを求めてみた．その結果が図 6.9 である．

図 6.9 のコレログラムから，ラグ 7 日ごとに周期変動があることがわかる．表 6.3 から日曜日の来店客数が多いことが読みとれる．表 6.4 は，コレログラム作成のために求めたラグ k 時点の自己相関係数の計算結果表である．

このように時系列データに基づく経済理論の検証や将来性の予測といった目

表 6.3　スーパー D の曜日別来店客数の推移データ(単位：千人)

来店客数	1 週目	2 週目	3 週目	4 週目	5 週目	6 週目	7 週目
月	11	12	11	10	12	12	13
火	15	15	12	15	14	12	15
水	13	16	14	13	14	16	12
木	12	13	12	14	15	13	14
金	16	16	14	15	15	13	14
土	17	20	18	20	16	19	17
日	20	18	22	21	17	22	20

6.1 時系列分析

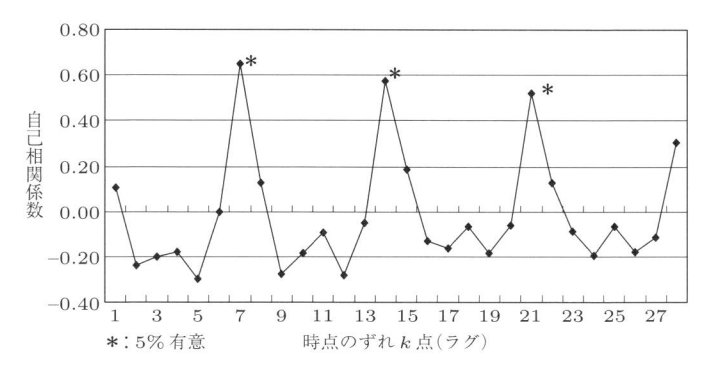

*：5% 有意　　時点のずれ k 点（ラグ）

図 6.9 大型スーパー D の来店客数のコレログラム

表 6.4 表 6.3 のデータ表からラグ k の自己相関係数を求めた結果

ラグ	週・曜日	来店客数	自己相関係数	ラグ	週・曜日	来店客数	自己相関係数
1	1 週月	11	0.1070	29	5 週月	12	0.1449
2	1 週火	15	−0.2367	30	5 週火	14	−0.0639
3	1 週水	13	−0.1992	31	5 週水	14	−0.0824
4	1 週木	12	−0.1799	32	5 週木	15	−0.0313
5	1 週金	16	−0.2974	33	5 週金	15	−0.1126
6	1 週土	17	−0.0022	34	5 週土	16	−0.0591
7	1 週日	20	0.6486	35	5 週日	17	0.1924
8	2 週月	12	0.1298	36	6 週月	12	0.1294
9	2 週火	15	−0.2742	37	6 週火	12	−0.0006
10	2 週水	16	−0.1845	38	6 週水	16	−0.0969
11	2 週木	13	−0.0932	39	6 週木	13	−0.0079
12	2 週金	16	−0.2840	40	6 週金	13	−0.0644
13	2 週土	20	−0.0496	41	6 週土	19	−0.0612
14	2 週日	18	0.5758	42	6 週日	22	0.1016
15	3 週月	11	0.1839	43	7 週月	13	―
16	3 週火	12	−0.1293	44	7 週火	15	―
17	3 週水	14	−0.1633	45	7 週水	12	―
18	3 週木	12	−0.0673	46	7 週木	14	―
19	3 週金	14	−0.1825	47	7 週金	14	―
20	3 週土	18	−0.0628	48	7 週土	17	―
21	3 週日	22	0.5208	49	7 週日	20	―
22	4 週月	10	0.1273				
23	4 週火	15	−0.0876				
24	4 週水	13	−0.1938				
25	4 週木	14	−0.0638				
26	4 週金	15	−0.1790				
27	4 週土	20	−0.1149				
28	4 週日	21	0.3038				

的をさらに達成するためには，今回解説した分析法だけでは限界がある．より一層統計学を幅広くまた深く学習を進め，本節の最初に示した目的③や④に対して，時系列の変動パターンをうまく説明できる確率モデルを探索し，時系列に対する統計モデルを構築していくことが必要となる．

6.2 重回帰分析

重回帰分析は多変量解析諸法の代表的な分析法である．重回帰分析を通じて他の多変量解析諸法を学習する場合にも必要となる多次元データ $X = \{x_{ji}\}$ の表現に慣れる必要がある．一般に多変量解析諸法のデータ x_{ji} の表記において，x_{ji} の添え字 j, i は，先に対象とするサンプル j がきて，後に変数を示す i がつくものが多い．本書もその表記に従っている．

6.2.1 回帰直線から重回帰分析への拡張

回帰直線のところでは，変数 y を説明するのに用いた変数は 1 つであった．例えば，中古不動産価格を説明するためには土地の広さが重要であり，それだけでもある程度は説明できた．しかし，中古不動産価格 y の決定は，それだけでは不十分で，家の広さに加えて，築後経過年数，最寄駅からの距離や車庫の有無など，複数の変数を用いて決めるのが適切である．いま，中古不動産価格の変動を説明するのに，土地の広さなど p 個の変数を用いるものとして，これらを x_1, x_2, $\cdots$, x_p で表す．そのとき，この x_1, x_2, $\cdots$, x_p は**説明変数**であり，y は**目的変数**となる．

重回帰分析(multiple regression analysis)では，目的変数と説明変数との間に，(6.5)式のような線形重回帰モデルが成り立つと仮定している．

$$y_j = \beta_0 + \beta_1 x_{j1} + \beta_2 x_{j2} + \cdots \beta_p x_{jp} + \varepsilon_j \tag{6.5}$$

ここで，β_0, β_1, β_2, $\cdots$, β_p は未知母数である．ε_j は誤差を表す確率変数である．

表 6.5 重回帰分析のデータと各変数の平均値を示した表

No.	説明変数					目的変数
	x_1	x_2	$\cdots$	x_i	$\cdots$	x_p	y
1	x_{11}	x_{12}	$\cdots$	x_{1i}	$\cdots$	x_{1p}	y_1
2	x_{21}	x_{22}	$\cdots$	x_{2i}	$\cdots$	x_{2p}	y_2
$\vdots$	$\vdots$	$\vdots$		$\vdots$		$\vdots$	$\vdots$
j	x_{j1}	x_{j2}	$\cdots$	x_{ji}	$\cdots$	x_{jp}	y_j
$\vdots$	$\vdots$	$\vdots$		$\vdots$		$\vdots$	$\vdots$
n	x_{n1}	x_{n2}	$\cdots$	x_{ni}	$\cdots$	x_{np}	y_n
計	T_1	T_2	$\cdots$	T_i	$\cdots$	T_p	T_y
平均	$\overline{x}_1$	$\overline{x}_2$	$\cdots$	$\overline{x}_i$	$\cdots$	$\overline{x}_p$	$\overline{y}$

そして，この誤差は，次の4つの条件を満たしているものとしている．

① 独立性：時系列分析とは異なり，ε_1, ε_2, $\cdots$, ε_n は互いに独立である．
② 不偏性：ε_j の期待値 $E[\varepsilon_j] = 0$ となり，すべて0である．
③ 等分散性：$V[\varepsilon_j] = \sigma^2$ であり，分散はすべて等しい．
④ 正規性：ε_j は正規分布に従う．

いま，説明変数および目的変数について，表6.5のように n 組の観測データがあるものとし，これを $\{x_{j1}, x_{j2}, \cdots, x_{jp}; y_j\}$ $(j=1, 2, \cdots, n)$ という記号で表す．

表6.5より，

$$S_{jk} = \sum_{j=1}^{n}(x_{ji} - \overline{x}_i)(x_{jk} - \overline{x}_k) \quad , \quad S_{jy} = \sum_{j=1}^{n}(x_{ji} - \overline{x}_i)(y_j - \overline{y}) \quad (6.6)$$

とおく．
このデータに説明変数の線形式

$$\hat{y} = b_0 + b_1 x_1 + b_2 x_2 + \cdots + b_p x_p \tag{6.7}$$

を当てはめるのであるが，定数項 b_0 および係数 b_i $(i=1, 2, \cdots, p)$ は，回帰直線と同様に最小2乗法の考え方で，残差の2乗の和

$$Q = \sum_{j=1}^{n}(y_j - \hat{y}_j)^2 \tag{6.8}$$

第6章　多次元データの分析法

が最小になるように定める．ここで $\hat{y}_j$ は，重回帰式(6.7)式の右辺の変数 x_i のところに j 番目の観測データを代入して得られる $\hat{y}$ の値で，

$$\hat{y}_j = b_0 + b_1 x_{j1} + b_2 x_{j2} + \cdots + b_p x_{jp} \tag{6.9}$$

である．Q を最小にするためには，(6.8)に(6.9)式を代入して得られる式を b_0 および b_i について偏微分したものを 0 に等しいとおき，得られた連立方程式を解けばよい．すなわち，

$$\begin{cases} \dfrac{\partial Q}{\partial b_0} = -2 \sum_j (y_j - b_0 - \sum_k b_k x_{jk}) = 0 \\ \dfrac{\partial Q}{\partial b_i} = -2 \sum_j x_{ji}(y_j - b_0 - \sum_k b_k x_{jk}) = 0 \quad (i = 1, 2, \cdots, p) \end{cases} \tag{6.10}$$

である．ただし，$\sum_j$ は j について 1 から n まで，$\sum_k$ は k について 1 から p まで加えることを意味する．(6.10)式の最初の式から，定数項は，

$$b_0 = \overline{y} - \sum_k b_k \overline{x}_k \tag{6.11}$$

となる．したがって重回帰式はデータの重心 $(\overline{x}_1, \overline{x}_2, \cdots, \overline{x}_p, \overline{y})$ を通ることがわかる．(6.10)式の後の式から，最初の式を $\overline{x}_i$ 倍したものを引き，全体を (-2) で割り，(6.11)式を代入すると，

$$\sum_j (x_{ji} - \overline{x}_i)\{y_j - \overline{y} - \sum_k b_k(x_{jk} - \overline{x}_k)\} = 0 \tag{6.12}$$

を得る．これから，b_1, b_2, $\cdots$, b_p を定める連立方程式

$$\sum_k \left\{ \sum_j (x_{ji} - \overline{x}_i)(x_{jk} - \overline{x}_k) \right\} b_k = \sum_j (x_{ji} - \overline{x}_i)(y_j - \overline{y}) \tag{6.13}$$
$$(i = 1, 2, \cdots, p)$$

が得られる．あるいは(6.6)式の記号を用いると，

$$\sum_k S_{ik} b_k = S_{iy} \quad (i = 1, 2, \cdots, p) \tag{6.14}$$

となる．この連立方程式をガウス-ジョルダンの消去法のような数値解析法によって解けば，$b_1, b_2, \cdots, b_p$ が得られる．

6.2.2 重回帰係数の計算 $(p=2)$

いま具体的に (6.11) 式および (6.13) (6.14) 式を理解するために，$p=2$ の場合を示す．(6.11) 式は，

$$b_0 = \overline{y} - b_1 \overline{x}_1 - b_2 \overline{x}_2 \tag{6.15}$$

(6.14) 式は，

$$\begin{cases} S_{11}b_1 + S_{12}b_2 = S_{1y} \\ S_{21}b_1 + S_{22}b_2 = S_{2y} \end{cases} \tag{6.16}$$

となる．

表 6.6 は，ある乗用車の販売会社における営業マンの半期間の活動成果を示したデータ表である．例えば，営業マン A 氏は，顧客先に 421 回訪問し，顧客へ DM（ダイレクトメール）を 160 通送付して，半期で売上高 32 百万円あげている．この表 6.6 のデータを用いて，この販売会社の営業成績である売上高を，

表 6.6 営業マン 15 人の営業活動と成果についてのデータ

営業マン	x_1：顧客訪問回数(回)	x_2：DM 配布数(通)	y：売上(百万円)
A	421	160	32
B	272	152	24
C	351	155	23
D	390	154	27
E	383	157	31
F	320	162	27
G	250	142	23
H	281	146	22
I	459	169	36
J	391	160	28
K	252	158	22
L	339	161	27
M	311	168	32
N	378	154	26
O	231	153	23
平均値	335.267	156.733	26.867

重回帰分析により顧客訪問回数とDM配布数との2つの説明変数から説明をしてみる．売上高(百万円)を y，顧客訪問回数を x_1，DMの配布数を x_2 として，(6.13)または(6.14)式における，各変数の**偏差平方和**および各変数間の**偏差積和**である S_{11}, S_{12}, S_{21}, S_{22}, S_{1y}, S_{2y} を求めると，

$$S_{11} = 65972.933, \quad S_{12} = S_{21} = 3783.067, \quad S_{22} = 732.933,$$
$$S_{1y} = 3197.533, \quad S_{2y} = 332.467$$

となる．これらを(6.16)式に代入して，連立方程式を解くと，

$$\begin{cases} 65972.933 b_1 + 3783.067 b_2 = 3197.533 \\ 3783.067 b_1 + 732.933 b_2 = 332.467 \end{cases}$$

$$b_1 = \frac{3197.533 \times 732.933 - 3783.067 \times 332.467}{65972.933 \times 732.933 - 3783.067^2} = 0.032$$

$$b_2 = \frac{65972.933 \times 332.467 - 3197.533 \times 3783.067}{65972.933 \times 732.933 - 3783.067^2} = 0.289$$

と求まり，(6.15)式の計算より，

$$b_0 = 26.867 - 0.032 \times 335.267 - 0.289 \times 156.733 = -29.158$$

と導ける．すなわち，予測式は，

$$\hat{y}_j = -29.158 + 0.032 x_{j1} + 0.289 x_{j2}$$

となる．なお，Excel分析ツールを用いて直接導くと，

$$\hat{y}_j = -29.119 + 0.032 x_{j1} + 0.289 x_{j2}$$

となる．

6.2.3　重回帰式の分散分析表と重相関係数

ところで(6.11)式を(6.9)式に代入すると，j 番目の観測値に対する重回帰式は，

$$\hat{y}_j = \overline{y} + \sum_i b_i (x_{ji} - \overline{x}_i) \tag{6.17}$$

となる．残差平方和の Q の最小値は，

6.2 重回帰分析

$$S_e = \sum_j (y_j - \hat{y}_j)^2 = \sum_j \{y_j - \overline{y} - \sum_i b_i(x_{ji} - \overline{x}_i)\}^2$$

$$= \sum_j (y_j - \overline{y})^2 - 2\sum_i b_i \left\{\sum_j (x_{ji} - \overline{x}_i)(y_j - \overline{y})\right\}$$

$$+ \sum_i \sum_k \sum_j b_i b_k (x_{ji} - \overline{x}_i)(x_{jk} - \overline{x}_k)$$

$$= S_{yy} - 2\sum_i b_i S_{iy} + \sum_i \sum_k b_i b_k S_{ik} = S_{yy} - 2\sum_i b_i S_{iy} + \sum_i b_i S_{iy}$$

$$= S_{yy} - \sum_i b_i S_{iy} \tag{6.18}$$

となる．この式の最後の行における右辺の第2項は**回帰平方和**(regression sum of squares)と呼び，式の展開から，次のようになる．

$$S_R = \sum_i b_i S_{iy} = \sum_i \sum_k S_{ik} b_i b_k = \sum_j \left\{\sum_i b_i (x_{ji} - \overline{x}_i)\right\}^2$$

$$= \sum_j (\hat{y}_j - \overline{y})^2 \tag{6.19}$$

この(6.19)式の表現は，S_R が回帰推定値の偏差平方和であることを示している．また，残差平方和の期待値は，

$$E[S_e] = (n - p - 1)\sigma^2 \tag{6.20}$$

である．以上の結果を分散分析表にすると，表6.7の形にまとめられる．

S_{yy} は目的変数 y の変動分を表し，そのうち，S_R は重回帰式で説明できた変動分であり，S_e は説明できなかった変動分を示す．すなわち，

$$S_{yy} = S_R + S_e \tag{6.21}$$

表 6.7 分散分析表

要因	平方和	自由度	分 散	分散比
回帰	$S_R = \sum(\hat{y}_j - \overline{y})^2$	p	$V_R = S_R/p$	V_R/V_e
残差	$S_e = S_{yy} - S_R$	$n - p - 1$	$V_e = S_e/(n - p - 1)$	—
全体	S_{yy}	$n - 1$	—	—

となる．したがって，説明できなかった変動分の残差(誤差)の(不偏)分散 V_e を求め，それに対して回帰で説明できた分散 V_R との分散比 V_R/V_e の大きさから，重回帰式の誤差に対する有意性を F 検定できる．F 検定はすでに説明したとおり，分子，分母の自由度から $F_\alpha(p, p-n-1)$ を基準にして行う．

(1) 重相関係数

観測値 y_j とその回帰推定値 $\hat{y}_j$ との相関係数のことを**重相関係数**(multiple correlation coefficient)と呼び，R と表すと，R^2 は，回帰直線と同様に**決定係数**(coefficient of determination)すなわち**寄与率**となる．ここで，y と $\hat{y}$ との共変動を求めると，

$$S_{y\hat{y}} = \sum_j (y_j - \overline{y})(\hat{y}_j - \overline{y}) = \sum_j \{(y_j - \hat{y}_j) + (\hat{y}_j - \overline{y})\}(\hat{y}_j - \overline{y})$$

$$= \sum_j e_j(\hat{y}_j - \overline{y}) + \sum_j (\hat{y}_j - \overline{y})^2 = \sum_j (\hat{y}_j - \overline{y})^2 = S_R \quad (6.22)$$

となる．したがって，

$$R^2 = \frac{S_{y\hat{y}}^2}{S_{yy}S_R} = \frac{S_R^2}{S_{yy}S_R} = \frac{S_R}{S_{yy}} \qquad \therefore R = \sqrt{\frac{S_R}{S_{yy}}} \quad (6.23)$$

となる．さらに(6.21)式から，

$$S_R = R^2 S_{yy}, \qquad S_e = (1 - R^2) S_{yy} \quad (6.24)$$

となる．R^2 は y の全体の変動 S_{yy} の中で重回帰式によって説明される部分 S_R の割合を示す．また分散分析で用いられる F 検定量は，

$$F = \frac{V_R}{V_e} = \frac{S_R/p}{S_e/(n-p-1)} = \frac{R^2/p}{(1-R^2)/(n-p-1)} \quad (6.25)$$

となることから，分散分析表における F 検定は，寄与率 R^2 に関する有意性を検定することと一致する．

ここで，R^2 が 1 に近くなることは，目的変数 y の全体変動の中で重回帰式によって説明される部分が大きくなることを意味するので好ましいが，R^2 が大きいからといって，いつも観測データを説明するよい重回帰式のモデルが構成で

きたとはかぎらないことに注意を払う必要がある．ここで，残差平方和 S_e の自由度が $n-p-1$ であるから，説明変数の数が多くなって $p=n-1$ になると，求める未知な回帰係数とサンプル数とが同じになり，必ず，$S_e=0$，$R^2=1$ となる．すなわち，説明変数の選択が適切なものであるかどうかとは全く無関係に $p=n-1$ とすれば，$R^2=1$ となる．したがって，R^2 をやみくもに1に近づけようとする努力は意味が無い．それを防ぐために，専門の解析ソフトでは，一般に $n \geqq 2p+1$ だけのサンプル数がなければ重回帰式は導けないようになっている．一般に，重回帰モデルの説明変数を逐次追加していくと，自由度の減少を代償として重相関係数が大きくなっていくわけであるが，自由度が小さくなる分だけ推定区間（予測区間）の幅も広くなり，重回帰式による予測に支障をきたしてくる．そこで，重回帰式の当てはまりのよさと自由度の大きさとのバランスを考慮した，次の**自由度調整済み重相関係数**が考案されている．

$$R^{*2} = 1 - \frac{S_e/(n-p-1)}{S_{yy}/(n-1)} \tag{6.26}$$

ここで，表 6.6 の営業マン 15 人の営業活動データから，分散分析表，重相関係数，決定係数および自由度調整済み重相関係数を求めてみる．まず目的変数 y の平方和 S_{yy} を求めると，$S_{yy} = \sum_j (y_j - \overline{y})^2 = 255.733$ となる．また，$b_1 = 0.032$，$b_2 = 0.289$，$S_{1y} = 3197.533$，$S_{2y} = 332.467$ より (6.19) 式から S_R を求めると，$S_R = b_1 \times S_{1y} + b_2 \times S_{2y} = 0.032 \times 3197.533 + 0.289 \times 332.467 = 198.404$ となる．(6.21) 式から $S_e = 255.733 - 198.404 = 57.329$ と導ける．これより分散分析表を作成すると，表 6.8 のようになる．

回帰の分散比は，$F_{0.01}(2, 12) = 6.93$ よりも十分大きいので，有意水準 1% でこの回帰式は有意となる．次に重相関係数と自由度調整済み重相関係数を求め

表 6.8　表 6.6 のデータによる分散分析結果

	平方和	自由度	分散	分散比
回帰	198.404	2	99.202	20.767
残差	57.329	12	4.777	—
合計	255.733	14	—	—

ると，(6.23) と (6.26) 式より，

$$R = \sqrt{\frac{198.404}{255.733}} = 0.881, \qquad R^* = \sqrt{1 - \frac{57.329/12}{255.733/14}} = 0.859$$

となる．

6.2.4 重回帰モデルに関する推定

次に重回帰モデルの推測に関する理論を示す．ここで，$c_i = \sum_j (x_{ji} - \overline{x}_i)(y_j - \overline{y})$ とし，(6.14) 式の $\sum_k S_{ik} b_k = S_{iy} (i = 1, 2, \cdots, p)$ を行列表現すると (6.27) 式となる．

$$\boldsymbol{Sb} = \boldsymbol{c} \tag{6.27}$$

行列演算からは，

$$\boldsymbol{b} = \boldsymbol{S}^{-1} \boldsymbol{c}, \qquad b_i = \sum_k S^{ik} c_k \quad (i = 1, 2, \cdots, p) \tag{6.28}$$

と表現できる．ここで，$\boldsymbol{S}^{-1}$ は $\boldsymbol{S}$ の逆行列であり，S^{ik} はその i 行 k 列の要素となる．この関係式から，重回帰モデルの母数における推定量，分散を示すと，

$$E[b_i] = \beta_i, \qquad V[b_i] = S^{ii}\sigma^2 \quad (i = 1, 2, \cdots, p) \tag{6.29}$$

$$E[b_0] = \beta_0, \qquad V[b_0] = \left(\frac{1}{n} + \sum_i \sum_k S^{ik} \overline{x}_i \overline{x}_k\right) \sigma^2 \tag{6.30}$$

$$Cov[b_0, b_i] = -\sum_k S^{ik} \overline{x}_k \sigma^2 \tag{6.31}$$

である．そこで，b_0, b_i に関する推定，検定は，

$$\frac{b_0 - \beta_0}{\sqrt{\hat{V}[b_0]}}, \qquad \frac{b_i - \beta_i}{\sqrt{\hat{V}[b_i]}} \tag{6.32}$$

が，いずれも自由度 $n - p - 1$ の t 分布に従うことから導ける．ただし，$\hat{V}[b_0]$, $\hat{V}[b_i]$ は，$V[b_0]$, $V[b_i]$ の σ^2 を $\hat{\sigma}^2 = S_e/(n - p - 1)$ でおき換えたものである．

また，説明変数がある特定の値 $(x_{01}, x_{02}, \cdots, x_{0p})$ であるときの y の母平均

$$\eta_0 = \beta_0 + \beta_1 x_{01} + \beta_2 x_{02} + \cdots + \beta_p x_{0p} \tag{6.33}$$

に関する推論は次のようにして行える．y の母平均である η_0 の不偏推定は，

$$\hat{y}_0 = b_0 + b_1 x_{01} + b_2 x_{02} + \cdots + b_p x_{0p} \tag{6.34}$$

となる．ここで，$\hat{y}_0$ の分散は，

$$V[\hat{y}_0] = \left(\frac{1}{n} + \frac{D_0^2}{n-1}\right)\sigma^2 \tag{6.35}$$

である．このとき，

$$D_0^2 = (n-1)\sum_i \sum_k S^{ik}(x_{0i} - \overline{x}_i)(x_{0k} - \overline{x}_k) \tag{6.36}$$

は，p 次元空間において，説明変数の特定値 $(x_{01}, x_{02}, \cdots, x_{0p})$ に対応する点と，重回帰式を求めるのに用いた説明変数の値の重心 $(\overline{x}_1, \overline{x}_2, \cdots, \overline{x}_p)$ との間における一種の距離の 2 乗になる．そして，D_0^2 が大きくなると $\hat{y}_0$ の分散は大きくなり，予測の精度は悪くなる．このとき，η_0 に関する信頼区間は，

$$(y_0 - \eta_0)\big/\sqrt{V[\hat{y}_0]} \tag{6.37}$$

が自由度 $n - p - 1$ の t 分布に従うことから求められる．

説明変数が特定値 $(x_{01}, x_{02}, \cdots, x_{0p})$ をとったときの y の値 y_0 自身の予測は，$\hat{y}_0$ を用いて求められるが，分散は，新たな観測にともなう誤差 ε の分散が加わって，

$$\left(\frac{1}{n} + \frac{D_0^2}{n-1} + 1\right)\sigma^2 \tag{6.38}$$

となる．この式の σ^2 を $\hat{\sigma}^2 = s_p^2$ とおき換えたものの平方根を s_p で表す．この s_p を予測の標準誤差と呼び，このとき y_0 の区間予測は，

$$(y_0 - \hat{y}_0)/s_p \tag{6.39}$$

が自由度 $n - p - 1$ の t 分布をすることから導ける．

6.2.5 回帰診断

(6.5)式の重回帰モデルでは，モデルを線形とおき，誤差 ε の分布については正規性，等分散性，独立性，(不偏性)を仮定していた．**回帰診断**(regression diagnostics)とは，これらの仮定の妥当性について，残差 $e_j = y_j - \hat{y}_j$ を用いて検討することをいう．

そして，回帰診断は主として正規確率プロットによる残差 e_j の正規性の検討，残差 e_j を縦軸にして，横軸に予測値 $\hat{y}_j$ や説明変数 x_{jk} をとりあげた残差プロットなどのグラフ手法を用いて実行できる．

回帰診断の目的は
(1) 誤差分布の仮定の妥当性を検討する．
(2) 重回帰式の妥当性を検討する．
(3) 説明変数間の相関関係による多重共線性の有無を確認する．
(4) 影響のある観測値を探索する．
ことにある．

ここで再び表 6.6 の営業マン 15 人の営業活動と成果をとりあげ，Excel の分析ツールの重回帰分析結果を用いて回帰診断する．

表 6.9 は，観測値と重回帰式から導いた予測値との残差およびその標準化残差を求めた結果である．図 6.10 は，この表より残差 e_j の正規確率プロットを求めたものである．図 6.11 は予測値と標準化残差の散布図であり，図 6.12 と図 6.13 は説明変数と標準化残差との散布図である．これらから，上記(1)の仮定を確認する．

図 6.10 より，残差の累積曲線は，ほぼ 45 度の対角線上にあることから，誤差分布は正規性を仮定できる．また，図 6.11〜図 6.13 の変数と標準化残差とのプロットでは，変数の中央付近では標準化残差は負のものがやや多くなり，2次曲線のような傾向がうかがえるものの，いずれの標準化残差も ±2 以内にあることから，ほぼ等分散とみなすことができる．

また，独立性についての確認は，次の**ダービン・ワトソンの検定**により行え

6.2 重回帰分析

表 6.9 観測値と予測値および残差と標準偏差

(単位:百万円)

No.	観測値 y	予測値 $\hat{y}$	残差 e	標準化残差
A	32.000	30.545	1.455	0.717
B	24.000	23.481	0.519	0.256
C	23.000	26.868	−3.868	−1.906
D	27.000	27.823	−0.823	−0.405
E	31.000	28.466	2.534	1.248
F	27.000	27.902	−0.902	−0.444
G	23.000	19.889	3.111	1.533
H	22.000	22.034	−0.034	−0.017
I	36.000	34.358	1.642	0.809
J	28.000	29.588	−1.588	−0.783
K	22.000	24.577	−2.577	−1.270
L	27.000	28.219	−1.219	−0.600
M	32.000	29.348	2.652	1.306
N	26.000	27.440	−1.440	−0.709
O	23.000	22.462	0.538	0.265

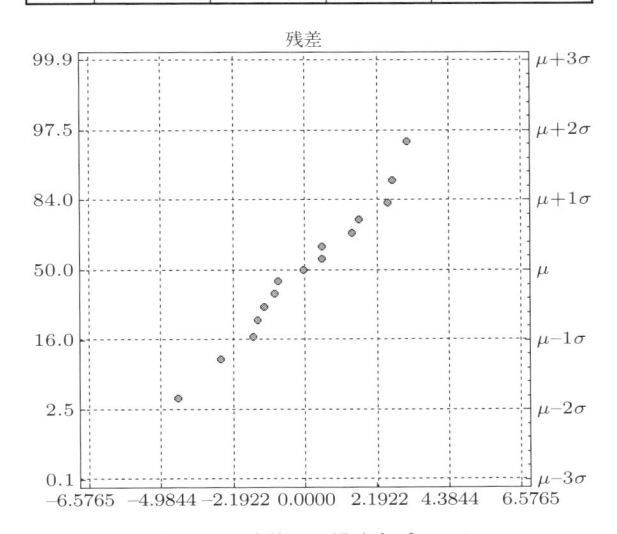

図 6.10 残差の正規確率プロット

る.それは,観測値が時間(並んでいる)の順に $j = 1, 2, \cdots, n$ と並んでいるとき,残差 e_j を用いて

$$d = \sum_{j=2}^{n}(e_j - e_{j-1})^2 \Big/ \sum_{j=1}^{n} e_j^2 \qquad (6.40)$$

第 6 章 多次元データの分析法

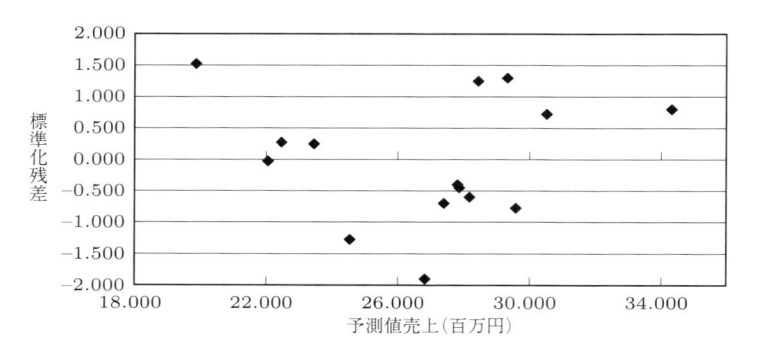

図 6.11 目的変数の予測値と標準化残差のプロット

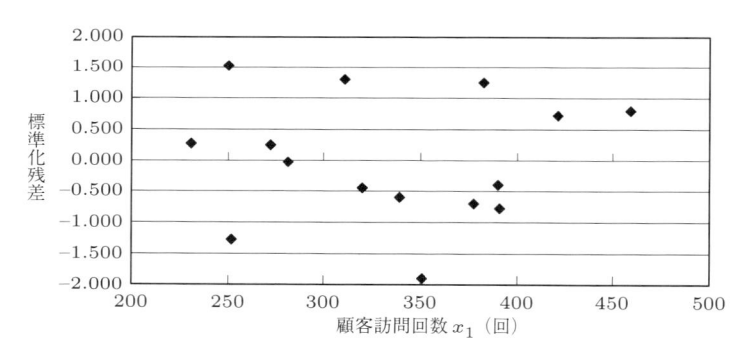

図 6.12 説明変数 x_1 と標準化残差のプロット

のような統計量を計算し，ダービンとワトソンの作成した (d_L, d_U) の表と比較して検定することである．

一般的に，d は $0 < d < 4$ であり，もし系列がランダム，すなわち独立なら d は 2 に近い値をとり，となり同士に正の系列相関があれば 0 に近くなり，負の系列相関があれば 4 に近い値をとる．この事例では $d = 2.257$ であるので，系列相関は無く独立とみなせる．このことにより，前述の(1)の目的は満たしているようである．残差プロットでも特異な値は見られなかったので，(4)の影響ある観測値もない．(3)の多重共線性の問題については，今回の説明変数は 2 つだけであるが，変数間の相関係数行列を表 6.10 のように求めて考察してみる．

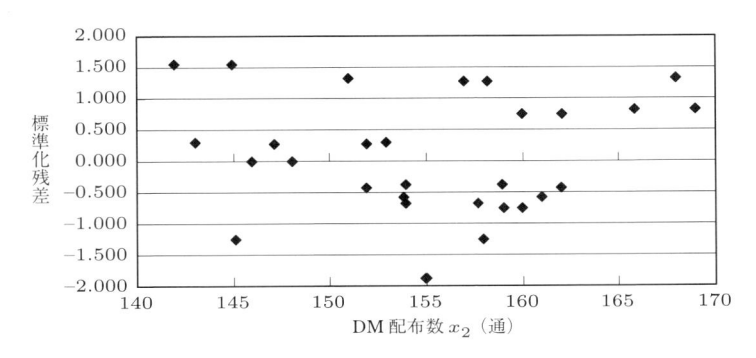

図 6.13 説明変数 x_2 と標準化残差のプロット

表 6.10 変数間の相関係数行列

	x_1：顧客訪問回数	x_2：DM 配布数	y：売上（百万円）
x_1：顧客訪問回数	1.000		
x_2：DM 配布数	0.544	1.000	
y：売上（百万円）	0.778	0.768	1.000

説明変数 x_1, x_2 は，目的変数 y に対して相関係数が 0.77 前後あり，目的変数との強い関係が認められる．一方，説明変数間の相関関係は 0.54 と，目的変数との関係より弱い．したがって，説明変数間の相関が強くて偏回帰係数の精度を悪くする多重共線性の問題は少ないと判断できる．しかし，説明変数の数が多い場合には，相関係数行列による慎重な考察が必要となる．最後に(2)の重回帰式の妥当性については，求めた偏回帰係数から検討する．

表 6.11 は分析ツールで求めた結果である．x_1, x_2 の偏回帰係数はいずれも正で，訪問回数を増やすと売上高が増え，また DM の配布数を増やせば売上高も増える．今回の説明変数の範囲においては理屈に適っている．また偏回帰係数の t 値も $\sqrt{2} = 1.414$ よりも大きく有意である．このことから，今回導かれた重回帰式は妥当であると判断できる．次に変数が多い場合の説明変数の選択基準について解説する．

表 6.11　重回帰式の偏回帰係数の計算結果

変数名	偏回帰係数	標準誤差	t 値	P 値（両側）	標準偏回帰係数
定数項	−29.119	13.587	−2.143	0.053	
x_1：顧客訪問回数	0.032	0.010	3.136	0.009	0.512
x_2：DM 配布数	0.289	0.097	2.994	0.011	0.489

6.2.6　説明変数の選択

多くの説明変数を用いた場合，これらをすべてとり込んで重回帰式を導き，重相関係数を大きくしてみても，重回帰式としての妥当性を欠くことがあるのは先に述べたとおりである．多くの説明変数の中からどの変数を選ぶかは，対象とした分野の固有技術に基づく判断や重回帰式の活用目的によって行うのがよいが，その判断が困難なことも多い．また，説明変数の選択が主観的になされる危険性もありうる．そこで，自動的に説明変数の選択を行う方法が提案されている．そのうちの代表的方法の考え方を概説する．

（1）変数増加法

まず，p 個の説明変数の中から，目的変数 y との相関係数が 1 番大きいものを選ぶ．それを $x_{(1)}$ とする．次に残りの $p-1$ 個の変数から，$x_{(1)}$ とあわせて y の重回帰式を作ったときに重相関係数が最大になるものを選び $x_{(2)}$ とする．その次には，$x_{(1)}$，$x_{(2)}$ と組み合わせて y を説明するのにもっとも有効な変数 $x_{(3)}$ を選ぶ．同様にして説明変数を 1 つずつ追加していく．決定係数 R^2 があらかじめ定めた値を超えたとき，あるいは R^2 の増分が一定値以下になったときに終了する．これが**変数増加法**である．

（2）変数減少法

最初に p 個の説明変数すべてをとり入れた重回帰式を求め，これから順に 1 つずつ変数をとり除いていく方法である．とり除く変数は，とり除いたときの決定係数の減少率が最小のものである．決定係数 R^2 が一定値を下回ったとき，

あるいは R^2 の減少率が一定値を超えたときに終了する．これが**変数減少法**である．

（3）変数増減法

(1)の変数増加法では，一度とり入れられた変数が，後になってとり除かれることは決してない．しかし，ある段階においては決定係数の増加をもたらした変数も，他のいくつかの変数が後からとり入れられた段階では，それほど重要でなく，むしろまだとり入れられていない他の変数と入れ替えた方がよいということもありうる．そこで，変数増加法の各段階で，とり入れられている変数の1つをとり除いたときの決定係数の減少量が最小の変数を求め，その減少量があらかじめ定めてある値より小さければ，その変数をとり除くようにしたものが**変数増減法**である．別名，**ステップワイズ法**とも呼ばれる．

（4）変数減増法

変数増減法と同じ手順を繰り返すのであるが，出発点が異なる．**変数減増法**はp個の変数全部をとり入れた重回帰式から出発し，そこから変数の除去と，とり入れを交互に繰り返す方法である．

ある段階で，重回帰式にとり入れられている変数が $x_{(1)}$, $x_{(2)}$, $\cdots$, $x_{(r)}$ であるとする．その重回帰式におけるこれらの変数の偏回帰係数を b_i^* ($i = 1, 2, \cdots, r$) で表し，またこれら r 個の変数の偏差平方和・積和行列の逆行列の (i, i) 成分を S_*^{ii} で表すことにすると，重回帰式から説明変数をとり除いた場合の残差平方和の増加量は，

$$b_i^{*2} / S_*^{ii} \tag{6.41}$$

である．逆に，$x_{(1)}$ から $x_{(r-1)}$ までがとり入れられた重回帰式があるとして，これに $x_{(r)}$ を追加して重回帰式をふたたび導いたとすると，残差平方和の減少量は，

$$b_r^{*2} / S_*^{rr} \tag{6.42}$$

である．決定係数の変化量は(6.41)あるいは(6.42)式を S_{yy} で割ったものにな

る．r 個の変数 $x_{(1)}$, $x_{(2)}$, $\cdots$, $x_{(r)}$, をとり込んだ重回帰式の残差分散を V_e^* とすると，

$$F_{OUT} = b_i^{*2}/(S_*^{ii} V_e^*) \tag{6.43}$$

および，

$$F_{IN} = b_r^{*2}/(S_*^{rr} V_e^*) \tag{6.44}$$

は，自由度が $(1, n-r-1)$ の F 分布をする．したがって，F_{OUT} が基準値より小さければ $x_{(i)}$ を重回帰式からとり除き，また F_{IN} が基準値より大きいければ $x_{(r)}$ を重回帰式にとり込むことにする．

F_{IN} および F_{OUT} の値は，厳密な F 検定という意味では，とり込んだ変数の個数 r によって変えるべきであるが，一般的には $F_{OUT} = F_{IN} = 2.0$ とすることがよいとされている．

その他に情報量基準 AIC(Akaike's Information Criterion)や予測平方和 PSS (Prediction Sum of Square)による選択，それに予測値の平均 2 乗誤差を最小にするマローズの C_p プロットによる変数選択の基準などがあるが，いずれも，n が大きいときは，上記の $F_{OUT} = F_{IN} = 2.0$ の基準とよく一致することがわかっている．したがって，通常は $F_{OUT} = F_{IN} = 2.0$ による変数増減法や変数減増法による方法がよく用いられている．

重回帰分析の最後に，説明変数に質的データが含まれる場合のとり扱い方について触れる．ここで，回帰直線でとりあげた中古不動産価格(y_n)をとりあげる．すなわち，表 6.12 のように，中古不動産価格に影響すると考えられる変数として，土地の広さ(x_1)，家の広さ(x_2)，築後経過年数(x_3)，大阪までの電車の所要時間(x_4)，最寄駅までのバスの所要時間(x_5)，バス停までの徒歩時間(x_6)，建物構造のタイプ(木造または鉄骨)(x_7)，カーポートの有無(x_8)，掘込車庫の有無(x_9)の要因があるとする．これらの諸要因の内，中古不動産価格(y_n)に影響すると思われる要因をとりあげて重回帰分析を行う場合を考える．

このとき，掘込車庫の有無(x_9)はカテゴリーを示す質的データであり，車庫

6.2 重回帰分析

表 6.12 中古不動産の説明変数と目的変数・中古不動産価格のデータ

(単位：百万円)

	土地	家	経過年数	大阪迄の時間	駅へバス時間	徒歩時間	建物構造	カーポート	掘込車庫	中古価格
1	98.4	74.2	4.8	5	15	6	0	1	0	24.8
2	379.8	163.7	9.3	12	0	12	0	0	1	59.5
3	58.6	50.5	13.0	16	15	2	0	1	0	7.0
4	61.5	58.0	12.8	16	12	1	0	0	0	7.5
5	99.6	66.4	14.0	16	13	5	0	0	0	9.8
6	76.2	66.2	6.0	16	23	1	0	0	0	13.5
7	115.7	59.6	14.7	16	10	4	0	0	0	14.9
8	165.0	98.6	13.6	16	14	2	0	1	0	27.0
9	215.2	87.4	13.3	16	10	7	0	0	1	27.0
10	157.8	116.9	6.7	16	13	6	0	0	0	28.0
11	212.9	96.9	3.1	16	10	5	0	1	0	28.5
12	137.8	82.8	10.3	19	0	20	0	0	1	23.0
13	87.2	75.1	11.6	23	5	8	0	1	0	12.9
14	139.6	77.9	10.5	23	10	3	1	0	0	18.0
15	172.6	125.0	3.8	23	15	5	1	0	0	23.7
16	151.9	85.6	5.4	28	0	4	1	0	0	29.8
17	179.5	70.1	4.5	32	0	2	1	1	0	17.8
18	50.0	48.7	14.6	37	0	3	0	0	0	5.5
19	105.0	66.5	13.7	37	4	11	0	0	1	8.7
20	132.0	51.9	13.0	37	0	6	0	1	0	10.3
21	174.0	82.3	10.3	37	0	18	0	0	0	14.5
22	176.0	86.1	4.4	37	0	10	0	0	1	17.6
23	168.7	80.8	12.8	41	5	2	0	0	0	16.8

(データの出典) 日本科学技術研修所編:『JUSE-MA による多変量解析』, 日科技連出版社, 1997 年.

無しのカテゴリーを $x_{j9\cdot 1}$, 車庫有りのカテゴリーを $x_{j9\cdot 2}$ とすると, 表 6.13 の左表のように, 車庫が有るか無いか該当するところに 1 とおくことができる. その際, 車庫有りが 1 で該当なら, 車庫無しであることは明確となるので, 車庫無しのカテゴリー $x_{j9\cdot 1}$ か車庫有りのカテゴリー $x_{j9\cdot 2}$ のいずれかは不要となる. そこで, 表 6.13 の右表のように車庫無しのカテゴリー $x_{j9\cdot 1}$ を削除して, 車庫有りのカテゴリー $x_{j9\cdot 2}$ のみを説明変数として, (6.45)式のような中古不動産価格と特性値間との関係式から, 中古不動産価格を決定する方法を定めることができる.

$$\hat{y}_j = b_0 + b_1 x_{j1} + b_2 x_{j2} + \cdots + b_{9\cdot 2} x_{j9\cdot 2} + \cdots + b_p x_{jp} \qquad (6.45)$$

重回帰分析では目的変数は量的データであるが, このようにすれば, 説明変

表 6.13　掘込車庫有無の質的データの扱い

左表

中古 不動産 j	車庫無し $x_{j9\cdot1}$	車庫有り $x_{j9\cdot2}$
1	1	0
2	0	1
⋮	⋮	⋮
k	0	1
⋮	⋮	⋮
n	1	0

⇒

右表

中古 不動産 j	車庫無し $x_{j9\cdot1}$	車庫有り $x_{j9\cdot2}$
1		0
2		1
⋮		⋮
k		1
⋮		⋮
n		0

数は量的データ,質的データのいずれでも用いることができる.

表 6.12 のデータを変数増減法にして,変数選択の基準を上述のように $F_{OUT} = F_{IN} = 2.0$ として求めた結果が表 6.14,表 6.15 である.

この解析には日本科学技術研修所の解析ソフト JUSE-StatWorks を用いた.表 6.14 の結果からわかるように,選択された説明変数の分散比は 2.00 以上であり,偏回帰係数の正負より,土地と家が広いほど不動産価格は高くなり,経過年数や大阪までの電車の所要時間,最寄駅までのバスの所要時間,バス停までの徒歩時間は,時間がかかるほど価格が下がる重回帰式となり,理屈に適っている.

表 6.15 は,今回導いた重回帰式の精度を示している.決定係数(寄与率)は 0.959 であり,重回帰式は十分有意であることを示している.重回帰式におい

表 6.14　表 6.12 のデータから導いた重回帰式の偏回帰係数

変数	説明変数名	残差平方和	変化量	分散比	偏回帰係数
0	定数項	210.803	89.908	11.155	18.922
1	土地	209.102	88.207	10.944	0.063
2	家	206.783	85.889	10.657	0.169
3	経過年数	143.795	22.901	2.841	−0.288
6	大阪迄の時間	415.145	294.251	36.509	−0.560
7	最寄駅迄のバス時間	229.003	108.109	13.414	−0.630
8	徒歩時間	175.598	54.704	6.788	−0.448
11	掘込車庫 　無し 　有り	143.987	23.093	2.865	 0 2.794

表 6.15 重回帰式の有意性の結果

目的変数名	残差平方和	重相関係数	寄与率 R^2	R^{*2}
中古価格	120.894	0.979	0.959	0.940
	R^{**2}	残差自由度	残差標準偏差	
	0.923	15	2.839	

て，この中古不動産価格のように偏回帰係数が妥当であり，このような高い決定係数が得られることは数少ない．なお，表 6.15 における R^{**2} は自由度2重調整寄与率であり，重回帰式にとりこんだ説明変数の数により自由度で調整した寄与率である．

一般的に，サンプル数が 100 くらいあり，重回帰式の候補となる説明変数が 14〜15 あり，変数選択を進めた結果，最終的に妥当な変数が 4 ないし 5 に絞られた重回帰式なら，決定係数が 0.40 くらいでも，予測においても，目的変数に対して効いている変数を特定化するのにも，十分役立つものになるといわれている．

第7章
統計解析ソフト

本書で学んだことを実際に計算するためには，統計解析ソフトがあると便利である．本章では，身近な2つの統計解析ソフトをインストールする仕方について紹介する．1つはExeclに含まれている分析ツールであり，もう1つはいま注目されているフリーソフトウェアのRである．これらを用いて実際に計算する場合には，巻末の参考文献などを手掛かりにその手順を確認してほしい．

7.1 Excelの分析ツール

Excelには，統計演算が容易にできるソフトとして分析ツールが用意されているが，その分析ツールを使えるようにするためには，アドインの登録が必要である．図7.1のように，ツールバーの ツール をクリックし，アドイン をクリックすると登録できる機能項目が現れる．分析ツールの項目に √ を入れて OK をクリックすると分析ツールが登録される．

登録した後，メニューバーをクリックすると，図7.2の上図のように分析ツールが登録済みになっていることがわかる．万一，登録されなかった場合は，パソコン付属のExcelソフトが入っているCD–ROMをドライブにセットして，アドイン登録を最初からやり直すと登録される．

分析ツールをクリックすると，図7.2の下図のように分散分析，相関，共分散，基本統計量，F検定，ヒストグラム，移動平均，回帰分析，t検定，z検定など，本書でとりあげたほとんどの演算が可能な解析方法のリストが現れる．

例えば，図7.3に示したExcelシートのK列にある中古価格の基本統計量を求めるなら，図7.2の基本統計量の項目を選び OK をクリックすると，図7.3のようなデータ入力と出力を決めるダイアログボックスが現れる．データの入っている

第 7 章　統計解析ソフト

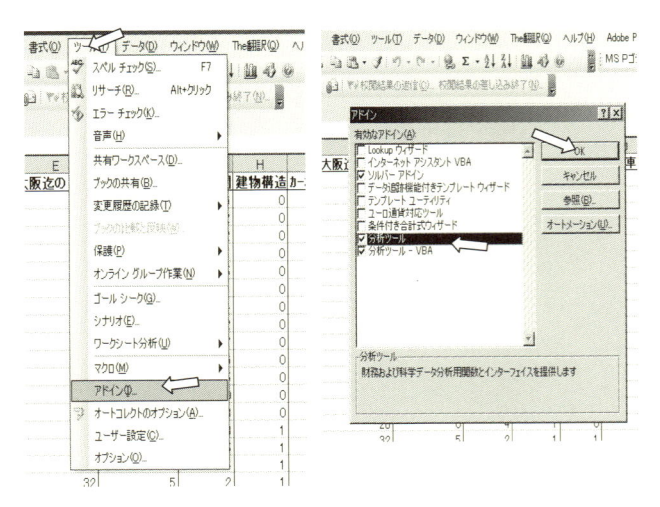

図 7.1　Excel による分析ツールの登録準備

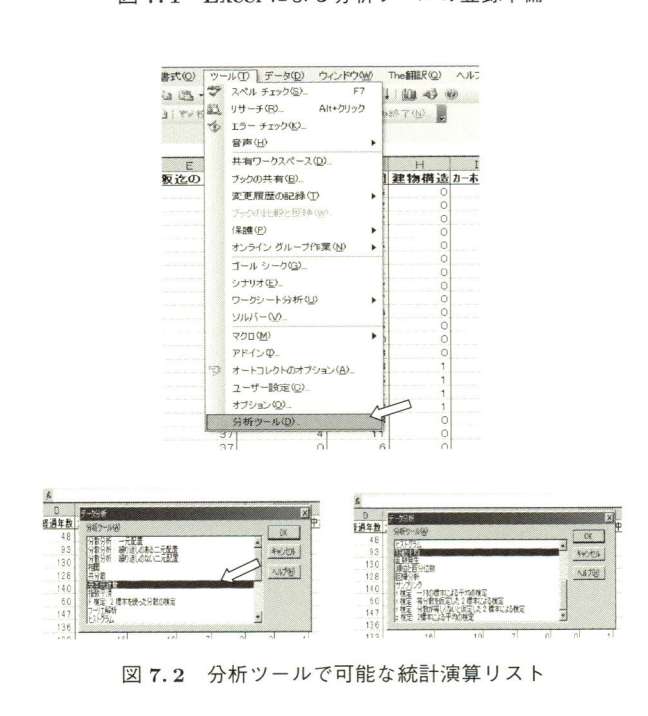

図 7.2　分析ツールで可能な統計演算リスト

7.2 フリーソフトウェア R

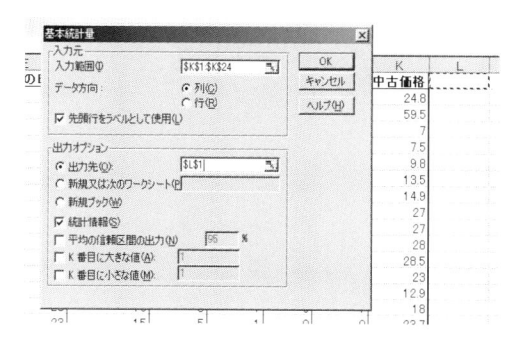

図 7.3 分析ツールで基本統計量を求める

方向が列であることを確認してから，入力範囲 のところに K 列を入力する．1 行目には中古価格という変数名が入っているので 先頭行をラベルとして使用 に ✓ を入れ，演算結果を表示したい部分の先頭セルを 出力先 に指定して，統計情報 に ✓ を入れると，中古価格の平均値，中央値，モード，分散，標準偏差などの基本統計量が算出される．同様に，演算したい解析方法を選べば，本書でとりあげたほとんどの計算が容易にできる．

7.2 フリーソフトウェア R

いま，世界中の第一線の研究者や実務家が開発したデータ解析の R が注目されている．R は動作する OS を選ばず，Windows, Mac, Linux でも可能である．2005 年から日本語による動作も可能になったので，本書では Windows XP による日本語のソフトをダウンロードする方法を紹介する．

まず中間栄治氏のホームページ http://r.nakama.ne.jp を見る．R の本家の英語版は 2007 年 2 月 10 日現在で R-2.4.1(2006.12.18) のバージョンになっているが，中間氏のホームページは 2006 年 5 月 16 日で，R-2.3.0/ が最新版である．最新版のバージョンをクリックし現れた画面の binary をクリックし，次の画面の win32/ をクリックすると，あらたに R-2.3.0-win32.exe 01-May-2006.23:43

第 7 章　統計解析ソフト

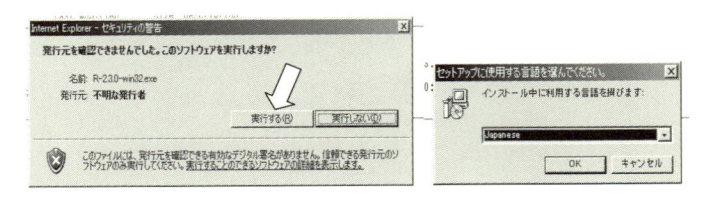

図 7.4　R のインストールの警告確認と日本語の指定

図 7.5　R のセットアップウィザードの開始画面

29.2M が現れる．クリックすると，図 7.4 の左側のようなセキュリティの警告が現れる．これを無視して 実行する をクリックしないとインストールはできない．実行すると図 7.4 の右側のように言語指定を聞いてくる．Japanease を OK とすると，図 7.5 のような R のセットアップウィザードの画面が現れる． 次へ をクリックすると図 7.6 の(1)のような画面が現れ， 同意する にチェックを入れ， 次へ をクリックする．図 7.6 の(3)に至った段階で Version for East Asian Languages(東アジア言語バージョン)に √ を入れて，以降，(6)までの 次へ をクリックする．図 7.6 の(6)で R のインストールが終えると，図 7.7 の左側のようなセットアップウィザードの完了の画面が現れる． 完了 をクリックすると右側のようにデスクトップに R のショートカットが作成される．これで R のインストールは終わりである．

　R のショートカットをダブルクリックすると，R が起動して，図 7.8 に示す R の初期画面，すなわち R のコンソールが表示される．R ではコンソール画面にコマンド(関数)を入力して，グラフ作成や統計計算処理を行うので，一見分析ツールより面倒であり難しい．しかしコマンドを理解して慣れてくると，分析

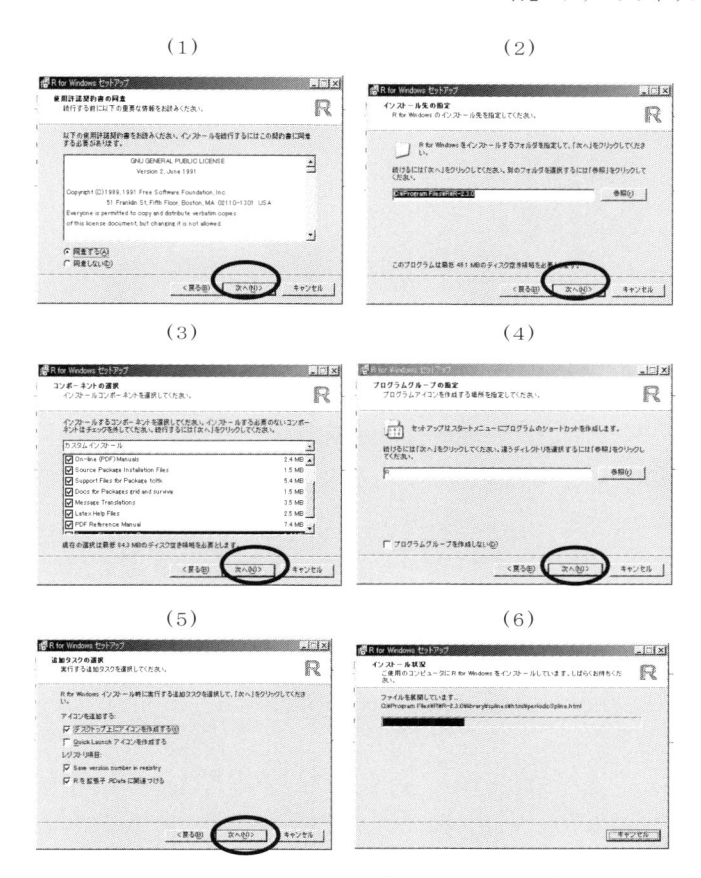

図 7.6　R のインストールの開始とインストール中の画面

ツールではできなかった演算や，本書ではとりあげなかった多変量解析諸法などの演算が市販の専門解析ソフト並みに快適に行うことができる．Excel で作成したデータも読み込むこともできる．また，R には演算機能を拡張するために，様々なパッケージが用意されている．図 7.8 に示すように，メニューバーの パッケージ をクリックし， パッケージのインストール の中にあるいくつかの手段から，自分が必要なパッケージをインストールすると，目的の解析が可能となる．特に >library (Rcmdr) として（R コマンダー）を読み込むと，GUI

第 7 章　統計解析ソフト

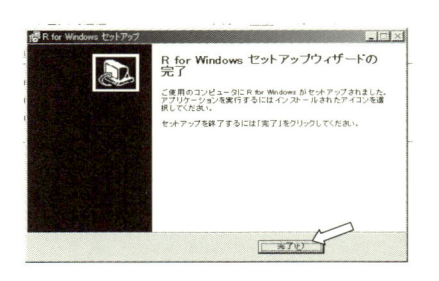

図 7.7　R のインストール終了とショートカットの作成

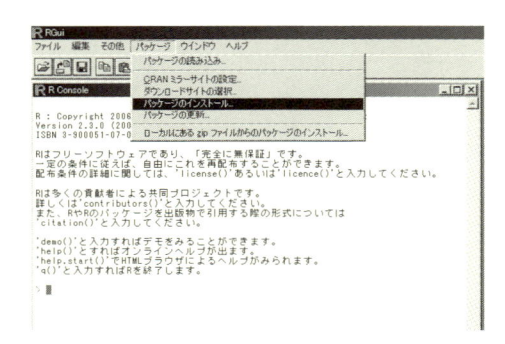

図 7.8　R の初期画面

によるメニュー形式での基本的な分析が可能となり便利である．詳細な利用の仕方は荒木孝治編著『フリーソフトウェア R による統計的品質管理入門』（日科技連出版社）を参考にしてほしい．

　統計学は簡単には習得しにくい学問分野である．知りたい対象の集団があれば，そのデータをとることに努め，本章で紹介した解析ソフトなどを用いて，まず実際に演算してみることである．数理的展開はわからなても，出てきた結果については本書を参考にして考察する．また，あきらめずにデータを集めて解析を行い，考察検討を繰り返す．このことを何度も繰り返していくと，いつしか統計学の有用性がわかり，その考え方が身についていく．要はまず実際に活用してみることから始めることである．

演習問題
第 1 章

1. ある地域において，600m² 以下の敷地面積をもつ 1 戸建て持ち家住宅 250 軒について，その敷地面積を調査して次のような度数分布表を得た．度数分布表の空欄をうめ，ヒストグラムと相対累積度数折れ線を描け．次に相対累積度数折れ線を利用し，第 1 四分位数，中央値，第 3 四分位数を求めよ．

階 級 (m²)	階級値	度 数	相対度数	累積度数	相対累積度数
0 ～ 50		4			
50 ～ 100		32			
100 ～ 150		40			
150 ～ 200		59			
200 ～ 250		36			
250 ～ 300		22			
300 ～ 350		15			
350 ～ 400		18			
400 ～ 450		12			
450 ～ 500		6			
500 ～ 550		3			
550 ～ 600		3			

2. 次のデータは，80 人の学生に，いま履いている靴の購入時の価格 (x 円) を答えてもらったものである．靴の購入価格のデータを分類し，度数分布表を完成せよ．階級の幅は，0～3,000 ($0 < x \leqq 3,000$)，3,000～6,000 ($3,000 < x \leqq 6,000$) のように，1 つの階級につき 3,000 とせよ．次にヒストグラムと相対累積度数折れ線を描け．相対累積度数折れ線から中央値を求めよ．

学生番号	靴の購入価格(円)	学生番号	靴の購入価格(円)	学生番号	靴の購入価格(円)	学生番号	靴の購入価格(円)
1	6,000	21	3,000	41	12,000	61	1,050
2	10,000	22	9,000	42	2,900	62	2,000
3	6,900	23	4,900	43	15,800	63	8,000
4	6,000	24	5,000	44	5,000	64	9,000
5	2,980	25	5,800	45	4,500	65	6,000
6	10,000	26	4,000	46	5,000	66	11,000
7	5,000	27	10,000	47	7,000	67	3,900
8	8,000	28	8,000	48	8,000	68	7,000
9	3,800	29	2,980	49	12,800	69	6,000
10	6,000	30	500	50	6,000	70	6,000
11	12,000	31	12,000	51	13,500	71	10,500
12	23,000	32	3,000	52	6,380	72	3,000
13	2,000	33	20,000	53	4,980	73	5,000
14	8,000	34	7,000	54	4,500	74	10,000
15	13,000	35	10,000	55	5,900	75	4,990
16	5,000	36	4,000	56	7,000	76	12,000
17	20,000	37	7,000	57	2,000	77	5,000
18	8,800	38	4,000	58	2,000	78	19,800
19	5,000	39	3,000	59	6,000	79	4,800
20	5,500	40	10,000	60	5,000	80	5,000

演習問題

3. ある製品の重量を測定した結果，次の 8 個のデータが得られた（単位は省略）．①平均値，②中央値，③範囲，④偏差平方和，⑤標本分散，⑥標本標準偏差の各統計値を求めよ．①〜④は小数第 2 位，⑤と⑥は小数第 3 位まで答えよ．

　　4.9，3.1，4.5，3.7，4.0，3.5，3.4，5.0

4. 次のデータは小学生男子生徒 20 人のボール投げの記録である．（単位：m）
　　11.0，31.1，27.9，24.0，24.7，30.2，18.3，22.7，29.5，35.0，
　　22.9，34.2，27.0，13.6，19.5，26.1，31.7，33.1，21.5，23.0

中央値，標本平均 ($\bar{x}$)，標本分散 (s^2)，標本標準偏差 (s) を求めよ．次に，$\bar{x}-s$ より大きく $\bar{x}+s$ より小さいデータの個数の割合および，$\bar{x}-2s$ より大きく $\bar{x}+2s$ より小さいデータの個数の割合を調べよ．

5. 問題 1 の度数分布表から，標本平均 ($\bar{x}$)，標本分散 (s^2)，標本標準偏差 (s) を求めよ．区間 $(\bar{x}-s, \bar{x}+s)$ にはそれぞれ全データの何%が含まれると考えられるか．

6. いま，A 社株と B 社株のいずれを買えばよいかを検討している．そこで，最近の株価の変動を，1 日当たり 100 円単位にした下記の表のような結果を得た．そして，700 円で 1 万株を購入しようとしている．以下の設問に答えよ．なお，解答の数値は小数第 1 位まで答えよ．

（単位：100 円）

日	1	2	3	4	5	6	7	8	9	10	11
A 社株	10	7	8	5	6	7	8	6	7	4	9
B 社株	7	8	9	7	7	6	5	7	8	6	7

(1) 最近の A 社株および B 社株について，各々株価の平均値を求めよ．
(2) 最近の A 社株および B 社株各々の株価の中央値と最頻値を求めよ．ただし，度数分布表を作成する場合は階級の幅を 100 円にして行え．
(3) 最近の A 社株および B 社株について各々株価の標本分散を求めよ．
(4) A 社株または B 社株のいずれを買うべきか．またその理由も述べよ．

7. 次の 2 変数 x, y のデータについて，A 君と B 君は 1.4.1 項 (1.21) 式に従って標本共分散を計算した．

x	6	8	4	2	9
y	3	7	5	9	12

A 君の計算：$\bar{x}=5.8, \bar{y}=7.2, c_{xy} = \dfrac{1}{5-1}\{(6-5.8)(3-7.2)+(8-5.8)(7-7.2)$
$\qquad +(4-5.8)(5-7.2)+(2-5.8)(9-7.2)+(9-5.8)(12-7.2)$
$\qquad = \dfrac{1}{4}(-0.84-0.44+3.96-6.84+15.36) = 2.8.$

B 君の計算：$\bar{x}=5.8, \bar{y}=6.2, c_{xy} = \dfrac{1}{5-1}\{(6-5.8)(3-6.2)+(8-5.8)(7-6.2)$
$\qquad +(4-5.8)(5-6.2)+(2-5.8)(9-6.2)+(9-5.8)(12-6.2)$

$$= \frac{1}{4}(-0.64 + 1.76 + 2.16 - 10.64 + 18.56) = 2.8.$$

A君の計算は途中も含めて正しいが，B君は$\bar{y}$の値を間違えた．間違った$\bar{y}$の値を用いて(1.21)式に従って計算行った．しかし，B君も標本共分散の答えとしては正解であった．B君が正解したのは偶然のことであろうか，あるいは理由があるのであろうか．

8. 下記のデータは，小学生男子生徒20人のボール投げの記録(xm)と，50m走のタイム(y秒)である．散布図を描き相関係数の値を予想せよ．次に，相関係数を計算せよ．なお，ボール投げのデータは問題4と同一のものである．

生徒番号	1	2	3	4	5	6	7	8	9	10
ボール投げ (m)	11.0	31.1	27.9	24.0	24.7	30.2	18.3	22.7	29.5	35.0
50 m 走 (秒)	10.3	9.4	10.0	8.4	8.7	8.6	9.0	8.8	8.8	8.9
生徒番号	11	12	13	14	15	16	17	18	19	20
ボール投げ (m)	22.9	34.2	27.0	13.6	19.5	26.1	31.7	33.1	21.5	23.0
50 m 走 (秒)	9.5	8.8	8.6	10.5	8.7	8.6	9.0	8.3	8.8	8.9

9. 下記の表は，気温x_j°Cとアイスクリームの売上個数y_j個とのデータである．これらのデータに対して以下の設問に答えよ．

x	14	16	18	20	22	24	26
y	12	18	34	38	57	64	68

(1) 気温xとアイスクリームの売上個数yとの相関係数を求めよ．
(2) 気温xを説明変数，アイスクリームの売上個数yを目的変数として回帰直線を求めよ．
(3) 気温が12°Cのときは，アイスクリームの売上個数はいくつと予測できるか．
(4) 売上個数が80個になるのは気温が何度のときかを，回帰直線を予測式として求めよ．
(5) この回帰直線の寄与率を示せ．
(6) xとyとの散布図を描き，用いたデータに異常は無いかを考察せよ．

10. 1.4.2項の(1.35)式が成り立つことを示せ．

第2章

11. 女子8人，男子11人の計19人で構成されるクラスがある．
(1) このクラスから代議員を7人選ぶとき，何通りの選び方があるか求めよ．
(2) 7人の代議員として女子を3人，男子を4人選ぶ選び方は何通りあるか求めよ．
(3) 7人の代議員として女子が3人以上含まれる選び方は何通りあるか求めよ．

演習問題

12. 1個のサイコロを投げるとき，1の目が出ればSを記録し，それ以外の目が出ればFを記録する．このサイコロを18回投げ，1回ごとにSあるいはFを記録する．このようにしてできるSとFの18個の文字列で，Sをちょうど6個含むものは何通りあるか．

13. (1) 1個のサイコロを2回投げる．両方ともに偶数の目であったことがわかっているとき，目の和が6である確率を求めよ．
(2) 52枚のトランプ札から1枚ずつ，順次5枚の札をとり出すとする．3枚目まではどれもハートの札であることがわかった．残りの2枚をとり出し終ったときに5枚すべてがハートの札である確率を求めよ．

14. A, B, C, D, E の5個の根元事象をもつ標本空間について答えよ．
(1) 根元事象をちょうど3個含む複合事象は何個あるか．
(2) この標本空間には空事象，根元事象，複合事象，全事象など，事象はすべてで何個あるか．
(3) $\Pr\{A\} = 0.1, \Pr\{B\} = 0.2, \Pr\{C\} = 0.3, \Pr\{D\} = 0.25$ とする．$W = \overline{E}$ とする．このとき次の条件つき確率を求めよ；$\Pr\{A|W\}, \Pr\{A \cup B|W\}, \Pr\{C \cup D \cup E|W\}$．

15. 2組の抽選セットAとBがある．Aセットは2本の当たりくじと5本のはずれくじを含む．Bセットは4本の当たりくじと5本のはずれくじを含む．
(1) A，B両方の抽選セットから1本ずつ計2本のくじを引くとき，少なくとも1本の当たりくじを得る確率を求めよ．
(2) くじを引く前に1個のサイコロを投げる．1か2か3の目が出ればAの抽選セットからくじを1本引く．4か5の目が出ればBの抽選セットからくじを1本引く．6の目が出れば両方の抽選セットから1本ずつ計2本のくじを引く．このとき少なくとも1本の当たりくじを得る確率を求めよ．

16. 確率変数 x の確率分布が次表で与えられているとする．

x	-2	-1	0	1	2
$\Pr\{x\}$	0.10	0.20	0.30	0.25	0.15

(1) 確率変数 x の平均 μ と標準偏差 σ を求めよ．
(2) $2x^2 - x$ の期待値を求めよ．

17. ある製菓工場では，アーモンド入りのチョコボールとマカダミアナッツ入りのチョコボールを生産している．それぞれは個数にして80%と20%の割合で生産されている．生産後は両方をよく混ぜてから，ランダムに12個を1箱に詰めて出荷している．この製品1箱を購入したとき，マカダミアナッツ入りチョコボールが4個以上入っている確率を求めよ．

演習問題

18. ある人が勝つ確率が 0.4，負ける確率が 0.6 のゲームを独立に 8 回行おうとしている．1 回ごとにゲームに勝てば 1,000 円を得，負ければ 500 円を失う．
(1) この人が得る（損をするときはマイナスで表示する）お金の期待値を求めよ．
(2) この人が損をする確率を求めよ．

19. 一様分布 $U(a,b)$ の平均を μ，標準偏差を σ とする．2.4.2 項の図 2.16 の横軸上に，$\mu \pm \sigma$ に相当する位置を示せ．

20. 正規分布に関する下記の各設問に答えよ．
(1) 確率変数 z が正規分布 $N(0, 1^2)$ に従うとき，次の確率を求めよ．
①$\Pr\{z > 1.15\}$　　②$\Pr\{-1.15 < z < 1.15\}$　　③$\Pr\{-1.5 < z < 2.0\}$
(2) 確率変数 x が正規分布 $N(30, 5^2)$ に従うとき，次の確率を求めよ．
①$\Pr\{32.5 < x < 36.0\}$　　②$\Pr\{x < 27.4\}$
(3) 確率変数 x が正規分布 $N(50, 10^2)$ に従うとき，次の確率を求めよ．
①$\Pr\{x > 65\}$　　②$\Pr\{35 < x < 65\}$　　③$\Pr\{x < 35\}$
(4) あるコンビニエンスストアでは，昨年と同様に冬季限定で「おでん」を販売することになった．ところが，「おでん」の中で，卵の販売量が日によってよく変るので，昨年の販売量を分析したところ，1 日平均 $\mu = 100$ 個，標準偏差が $\sigma = 20$ 個の正規分布に従う販売量であることがわかった．今年もこの程度の販売が見込めるとして次の問に答えよ．
①卵が 100 個以上売れる日は，100 日のうち何日位あるか．
②卵が 55 個以下しか売れない日は，100 日のうち何日位あるか．
③販売量の多い方から 10%以内に入るには，何個売る必要があるか．
④70 個から 130 個まで売れた日を合計すると全体の何%に相当するか．

21. 日本食品㈱では，肉缶を製造している．この肉缶 1 個当たりの重量の規格は，100.0 ± 3.0（単位：g）である．最近，最終工程で重量の規格外れ品が発生しているとの指摘がなされた．そこで，過去の 2 ヶ月間の日報からデータを見たところ，缶詰の製造は安定状態であり，肉缶 1 個当たりの重量の母平均は 101.0(g)，母標準偏差は 1.40(g) の正規分布に従っていることがわかった．以下の設問に答えよ．
(1) 肉缶の重量が規格を外れる確率を求めよ．
(2) 母平均 μ を 100.0 に調整するとき，規格外品の発生する確率はいくらになるか．
(3) 母平均 μ を 100.0 とするとき，規格外品の発生確率を 1%以下にするには，母標準偏差 σ をいくらにすればよいか．

22. 携帯電話を使用している学生の 38%は A 社と契約しているという．36 人からなるクラスの学生はすべてどれかの携帯電話会社と契約しているとする．このクラスの学生の半数以上が A 社と契約している確率を求めよ．

23. ある工場では，生産する製品の 15%しか基準に合格しないという．この工場では，1

演習問題

日に 20 個の合格品を 90%の確率で確保したいと考えている．1 日の生産能力を何個に保つ必要があるか．

第 3 章
24. (1) 例 2.1(2.2 節)のくじ引きの問題を引用する．確率変数 x は，a が当たりを引いたとき $x=1$ となり，a がはずれを引いたとき $x=0$ となるとする．確率変数 y は，b が当たりを引いたとき $y=1$ となり，b がはずれを引いたとき $y=0$ となるとする．このときの x と y の同時確率分布の表を作成せよ．x と y は独立かどうか調べよ．
(2) 例 2.1 のくじ引きにおいて，a が引いたくじをもとに戻してから b がくじを引くとする．このときの x と y の同時確率分布の表を作成せよ．x と y は独立かどうか調べよ．

25. (1) 母集団が正規分布 $N(50, 10^2)$ に従うとき，大きさ 20 の無作為標本に基づく標本平均 $\bar{x}$ について次の確率を求めよ．
① $\Pr\{\bar{x} > 52.0\}$ ② $\Pr\{47.0 < \bar{x} < 53.0\}$
(2) 母集団が一様分布 $U(0, 20)$ に従うとき，大きさ 30 の無作為標本に基づく標本平均 $\bar{x}$ について次の確率を求めよ．$\bar{x}$ の分布には中心極限定理を応用せよ．
① $\Pr\{8.5 < \bar{x} < 11.5\}$ ② $\Pr\{\bar{x} > 12\}$

第 4 章
26. 巻末の正規分布表，t 表，χ^2 表，F 表より下記の ( ) の値を求めよ．
① $z_{P=0.05} = ($ $)$ ② $z_{P=(\ \ )} = 2.576$
③ $t_{P=0.01}(9) = ($ $)$ ④ $t_{P=0.05}($ $) = 2.145$
⑤ $F_{P=0.05}(12, 6) = ($ $)$ ⑥ $F_{P=0.05}(8,\ \ ) = 3.07$
⑦ $F_{P=0.95}(6, 12) = ($ $)$ ⑧ $\chi^2_{P=0.05}(25) = ($ $)$
⑨ $\chi^2_{P=0.95}($ $) = 51.7$ ⑩ $\chi^2_{P=0.05}($ $) = \{z_{P=0.05}\}^2$
⑪ $F_{P=0.05}($ $, 14) = \{t_{P=0.05}(14)\}^2$ ⑫ $F_{P=0.05}(10,\ \ ) = \chi^2_{P=0.05}(10)/10$

第 5 章
27. χ^2 分布を用いてつぎの設問に答えよ．
日本工業㈱では，あるバネ製品を製造している．従来のバネ製品は，強度のばらつきが母分散で $\sigma_0^2 = 11^2$ と大きく，問題となっていた．今回，工程を改善して，ばらつきの低減を図るために，この製品の強度のばらつきが母分散で $\sigma_0^2 = 7^2$ より小さければ改善策を採用することになった．試作の結果，次のような 12 個のデータが得られた．（単位：省略）
　　　20, 23, 14, 21, 17, 12, 23, 25, 16, 22, 17, 23
(1) 改善後における製品強度の母分散は，目標値よりも小さくなったといえるか，有意水準 5%で検定せよ．
(2) 改善後における製品の強度の母分散について，母分散の点推定値，および信頼率 95%の信頼区間を求めよ．

演習問題

28. 富士食堂では，手作り定食が人気で，平日の昼食時間帯は常に安定した売上げがある．このたび息子夫婦に後を継いでほしいので，もう少し売上げを向上させることを検討することになった．その方策の1つとして，店の座席のレイアウトを変更して，もう少し座れる場所を多く確保することにしたい．暫定的にいまある備品で座席のレイアウトを変えてみて，現在安定している売上高の母平均が 26.0 (万円) より大きくなれば，さっそく内装工事に入りたい．そこで，仮レイアウト変更後の昼食時の売上高についてデータをとったところ，下記に示すような平日2週間の10日間のデータを得た．
　　　27, 25, 30, 27, 26, 28, 27, 26, 26, 27　　　(単位：万円)
以下の設問に答えよ．
(1) 座席のレイアウト変更後における昼食時の売上高の母平均は 26.0 万円より大きいかどうか，有意水準 5% で検定せよ．
(2) 座席レイアウト変更後の昼食時の売上高における母平均の点推定値と信頼率 95% の信頼区間を求めよ．

29. 世界工業㈱では，携帯電話用の電子部品を製造している．今回，電子部品の電気特性を向上させる目的で回路基板の材質改善を検討して，B基板を開発した．そこで，現行基板Aと改良基板Bで試作した電子部品それぞれをランダムにサンプリングして，電気特性を測定した．その結果を次に示す．特性値は大きいほどよい．(単位：省略)
　　　現行基板 (A)：24.6, 23.0, 25.7, 26.8, 23.8, 23.3, 23.6, 23.1, 25.4, 24.6
　　　改良基板 (B)：25.2, 25.3, 26.2, 25.0, 24.0, 27.4, 26.6, 25.1, 25.8
以下の設問に答えよ．
(1) 改良基板Bによる電子部品の電気特性の母平均が，現行基板Aによる電子部品の電気特性より大きくなったといえるか有意水準 5% で検定せよ．
(2) 改良基板Bと現行基板Aとの電子部品において，電気特性の母平均の差における点推定値，および信頼率 95% の信頼区間を求めよ．

第 6 章

30. 日本食品㈱では，かまぼこを製造している．今回，かまぼこの粘度 y を目的変数とし，添加剤Aの添加量 x_1 と卵白Bの配合量 x_2 を説明変数として，製造記録のデータから回帰式 $\eta = \beta_0 + \beta_1 x_1 + \beta_2 x_2$ を仮定して重回帰分析を実施してみることにした．計算のために必要となるデータと補助表を次ページに与える．(単位：省略)
以下の設問に答えよ．
(1) 説明変数を添加量 (x_1) と配合量 (x_2) として粘度の予測式 $(\hat{y})$ の重回帰式を求めよ．
(2) 粘度 y の全平方和を回帰による平方和 S_R と残差平方和 S_e とに分解せよ．
(3) 重回帰式の寄与率および自由度調整済み寄与率を求めよ．
(4) 仮説 $H_0 : \beta_0 = \beta_1 = 0$ の有意性を検定するために分散分析表を示し，予測式の有意性を検定せよ．

演習問題解答

No.	粘度 y	添加量 x_1	配合量 x_2	$y \times x_1$	$y \times x_2$	$x_1 \times x_2$	y^2	x_1^2	x_2^2
1	22	28	14.6	616	321.2	408.8	484	784	213.16
2	36	46	16.9	1656	608.4	777.4	1296	2116	285.61
3	24	39	16.0	936	384.0	624.0	576	1521	256.00
4	22	25	15.6	550	343.2	390.0	484	625	243.36
5	27	34	16.1	918	434.7	547.4	729	1156	259.21
6	29	29	16.8	841	487.2	487.2	841	841	282.24
7	26	38	15.4	988	400.4	585.2	676	1444	237.16
8	23	23	15.3	529	351.9	351.9	529	529	234.09
9	31	42	16.0	1302	496.0	672.0	961	1764	256.00
10	24	27	15.2	648	364.8	410.4	576	729	231.04
11	23	35	15.5	805	356.5	542.5	529	1225	240.25
12	27	39	15.4	1053	415.8	600.6	729	1521	237.16
13	31	38	15.7	1178	486.7	596.6	961	1444	246.49
14	25	32	16.2	800	405.0	518.4	625	1024	262.44
15	23	25	14.2	575	326.6	355.0	529	625	201.64
合計	393	500	234.9	13395	6182.4	7867.4	10525	17348	3685.85

演習問題解答

1.

階 級 (m^2)	階級値	度 数	相対度数	累積度数	相対累積度数
0 〜 50	25	4	0.016	4	0.016
50 〜 100	75	32	0.128	36	0.144
100 〜 150	125	40	0.160	76	0.304
150 〜 200	175	59	0.236	135	0.540
200 〜 250	225	36	0.144	171	0.684
250 〜 300	275	22	0.088	193	0.772
300 〜 350	325	15	0.060	208	0.832
350 〜 400	375	18	0.072	226	0.904
400 〜 450	425	12	0.048	238	0.952
450 〜 500	475	6	0.024	244	0.976
500 〜 550	525	3	0.012	247	0.998
550 〜 600	575	3	0.012	250	1.000

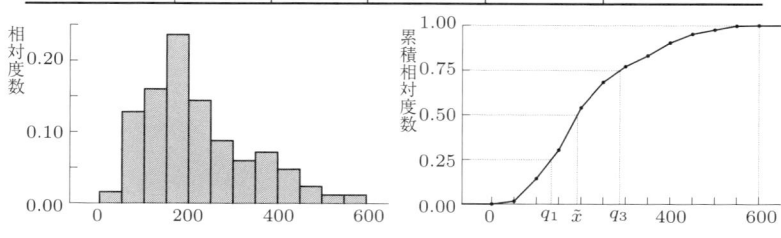

第 1 四分位数 $q_1 = 100 + 50 \times \frac{0.250 - 0.144}{0.304 - 0.144} = 133.1$, 中央値 $\tilde{x} = 150 + 50 \times \frac{0.500 - 0.304}{0.540 - 0.304} = 191.5$, 第 3 四分位数 $q_3 = 250 + 50 \times \frac{0.750 - 0.684}{0.772 - 0.684} = 287.5$

2.

階　級(円)	階級値	度　数	相対度数	累積度数	相対累積度数
0 〜 3,000	1,500	13	0.163	13	0.163
3,000 〜 6,000	4,500	32	0.400	45	0.563
6,000 〜 9,000	7,500	15	0.188	60	0.750
9,000 〜 12,000	10,500	12	0.150	72	0.900
12,000 〜 15,000	13,500	3	0.038	75	0.938
15,000 〜 18,000	16,500	1	0.013	76	0.950
18,000 〜 21,000	19,500	3	0.038	79	0.988
21,000 〜 24,000	22,500	1	0.013	80	1.000

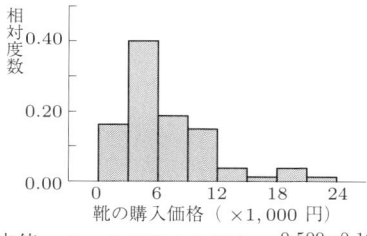

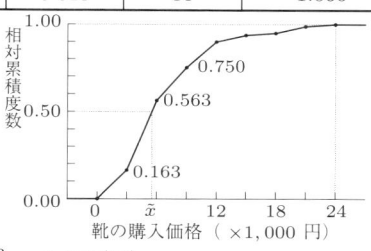

中央値　$\tilde{x} = 3{,}000 + 3{,}000 \times \frac{0.500 - 0.163}{0.563 - 0.163} = 5{,}528$（円）

3. ①平均値 $\overline{x} = 4.01$, ②中央値 $\tilde{x} = 3.85$, ③範囲 $R = 1.90$, ④偏差平方和 $S = 3.57$, ⑤標本分散 $s^2 = 0.510$, ⑥標本標準偏差 $s = 0.714$.

4. 中央値 $\tilde{x} = (24.7 + 26.1)/2 = 25.4$m, 標本平均 $\overline{x} = 25.35$m, 標本分散 $s^2 = 43.10$, 標本標準偏差 $s = \sqrt{43.10} = 6.57$m. 区間 $\overline{x} - s = 18.78 < x < 31.92 = \overline{x} + s$ には 14 個(率では 0.70)のデータが含まれる. 区間 $\overline{x} - 2s = 12.21 < x < 38.49 = \overline{x} + 2s$ には 19 個(率では 0.95)のデータが含まれる.

5. $\overline{x} = 219.40 (m^2)$, $s^2 = 14145.22$, $s = 118.93 (m^2)$. 問題 1 の解答のヒストグラムを利用する. ヒストグラムの全面積は 50 である. $\overline{x} - s = 100.47 < x < 338.33 = \overline{x} + s$ の範囲にある部分の面積は, $0.160 \times 49.53 + (0.236 + 0.144 + 0.088) \times 50 + 0.060 \times 38.33 = 33.62$, したがって, この範囲には率にして $33.62/50 = 0.67 (67\%)$ のデータが含まれると考えられる.

6. (1) A 社株：700.0 円, B 社株：700.0 円, (2) A 社株価：中央値 700.0 円, 最頻値 700.0 円, B 社株価：中央値 700.0 円, 最頻値 700.0 円, (3) A 社株価：標本分散 30,000 円^2, B 社株価：標本分散 12,000 円^2, (4) B 社株の場合の理由：標本分散が小さく株価が安定している. A 社株の場合の理由：標本分散は大きく不安定で株価の上下が激しい. しかし高く売れるチャンスがある.

7. B 君が正解したのは理由がある. y の平均値を $\overline{y} + a (a：定数)$ と間違えたとする.

演習問題解答

$\sum(x-\overline{x})\{y-(\overline{y}+a)\} = \sum(x-\overline{x})(y-\overline{y}) - \sum(x-\overline{x})a = \sum(x-\overline{x})(y-\overline{y}) - a\sum(x-\overline{x}) = \sum(x-\overline{x})(y-\overline{y})$ となるからである（∵ 偏差の総和 $\sum(x-\overline{x}) = 0$）．

8.

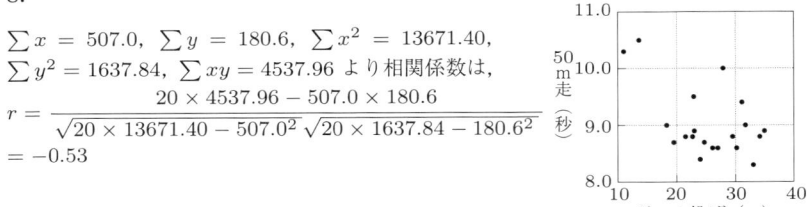

$\sum x = 507.0,\ \sum y = 180.6,\ \sum x^2 = 13671.40,$
$\sum y^2 = 1637.84,\ \sum xy = 4537.96$ より相関係数は，
$r = \dfrac{20 \times 4537.96 - 507.0 \times 180.6}{\sqrt{20 \times 13671.40 - 507.0^2}\sqrt{20 \times 1637.84 - 180.6^2}}$
$= -0.53$

9. $\overline{x} = 20.00,\ \overline{y} = 41.57,\ S_{xx} = 112.00,\ S_{yy} = 2939.71,\ S_{xy} = 566.00,\ b = S_{xy}/S_{xx}$
$= 566.00/112.00 = 5.05,\ a = -59.43.$ (1) $r = S_{xy}/(\sqrt{S_{xx}}\sqrt{S_{yy}}) = 566/(\sqrt{112.00}$
$\times \sqrt{2939.71}) = 0.986$，(2) $\hat{y}_j = -59.43 + 5.05x_j$，(3) $-59.43 + 5.05 \times 12 = 1.17$，
(4) $80 = -59.43 + 5.05 \times x_j,\ x_j = 27.6°C$，(5) 決定係数すなわち寄与率 0.973，(6) 省略．異常なデータはない．

10. 1.4.2 項の (1.33) 式の両辺を 2 乗すると
$$(y_i - \overline{y})^2 = (y_i - \hat{y}_i)^2 + (\hat{y}_i - \overline{y})^2 + 2(y_i - \hat{y}_i)(\hat{y}_i - \overline{y})$$
となる．$i = 1, 2, \cdots, n$ について辺々の和をとると，
$$\sum_{i=1}^{n}(y_i - \overline{y})^2 = \sum_{i=1}^{n}(y_i - \hat{y}_i)^2 + \sum_{i=1}^{n}(\hat{y}_i - \overline{y})^2 + 2\sum_{i=1}^{n}(y_i - \hat{y}_i)(\hat{y}_i - \overline{y})$$
となる．右辺の第 3 項は，$\hat{y}_i = bx_i + \overline{y} - b\overline{x}$ を代入し整頓した後 $b = S_{xy}/S_{xx}$ であることを考慮すれば，0 となることがわかる．

11. (1) $_{19}C_7 = 50388$ 通り．(2) $_8C_3 \times _{11}C_4 = 56 \times 330 = 18480$ 通り．
(3) $50388 - (_8C_0 \times _{11}C_7 + _8C_1 \times _{11}C_6 + _8C_2 \times _{11}C_5) = 33426$ 通り．

12. S と F が納まるべき場所が 18 あり，そのうちの 6 を S が占める．その場合の数は 18 個から 6 個とる組合せの総数として計算される．したがって，$_{18}C_6 = 18564$ 通り．

13. (1) $\dfrac{2}{9}$，(2) $\dfrac{15}{392}$

14. (1) $_5C_3 = 10$ 個．(2) 32 個．(3) $\Pr\{A|W\} = \Pr\{A \cap W\}/\Pr\{W\} = \Pr\{A\}/\Pr\{W\} = 0.1/0.85 = 2/17$．同様にすると，$\Pr\{A \cup B|W\} = 6/17$．$\Pr\{C \cup D \cup E|W\} = \Pr\{(C \cup D \cup E) \cap W\}/\Pr\{W\} = \Pr\{C \cup D\}/\Pr\{W\} = (0.3 + 0.25)/0.85 = 11/17$．

15. (1) $38/63$，(2) $74/189$．

16. (1) $\mu = 0.15$, $\sigma^2 = 1.4275$, $\sigma = \sqrt{1.4275} = 1.19$, (2) $E[2x^2 - x] = 2.75$.

17. 1箱の中のマカダミアナッツ入りチョコボールの個数を x とすれば, $x \sim B(12, 0.20)$. 求める確率は $\Pr\{x \geqq 4\} = 1 - \Pr\{x \leqq 3\} = 1 - \left(\sum_{r=0}^{3} \Pr\{x = r\}\right)$
$= 1 - ({}_{12}C_0 0.2^0 0.8^{12} + {}_{12}C_1 0.2^1 0.8^{11} + {}_{12}C_2 0.2^2 0.8^{10} + {}_{12}C_3 0.2^3 0.8^9) = 0.21$.

18. 8回のうち x 回勝ったとすると, 得るお金の合計額は $1000x - 500(8-x) = 1500x - 4000$ 円である. $x \sim B(8, 0.4)$ である. (1) $E[1500x - 4000] = 1500E[x] - 4000 = 1500 \times (8 \times 0.4) - 4000 = 800$ 円. (2) $1500x - 4000 < 0$ とおくと, $x < 2.7$. したがって, 勝ちが 2 回以下のときに損をする. その確率は, $\Pr\{x \leqq 2\} = 0.6^8 + {}_8C_1 0.4^1 0.6^7 + {}_8C_2 0.4^2 0.6^6 = 0.32$.

19. 2.4.2 項 (2.23) 式より, $\mu - \sigma = \dfrac{\sqrt{3}+1}{2\sqrt{3}}a + \dfrac{\sqrt{3}-1}{2\sqrt{3}}b$, $\mu + \sigma = \dfrac{\sqrt{3}-1}{2\sqrt{3}}a + \dfrac{\sqrt{3}+1}{2\sqrt{3}}b$. $\dfrac{\sqrt{3}+1}{2\sqrt{3}} + \dfrac{\sqrt{3}-1}{2\sqrt{3}} = 1$, $\dfrac{\sqrt{3}-1}{2\sqrt{3}} \fallingdotseq 0.21$, $\dfrac{\sqrt{3}+1}{2\sqrt{3}} \fallingdotseq 0.79$. したがって, $\mu - \sigma$ は横軸上の 2 点 A(a) と B(b) を結ぶ線分を $0.21 : 0.79$ の比に内分する点であり, $\mu + \sigma$ は同じ線分を $0.79 : 0.21$ に内分する点である.

20. (1)① 0.1251, ② 0.7498, ③ 0.9104   (2)①0.1934, ②0.3015,   (3)① 0.0668, ②0.8664, ③0.0668,   (4)① 50 日, ② 1.25 日より 1 日, ③ 126 個以上, ④ 86.64%.

21. (1) 求める確率は, $\Pr\{x \leqq 97.0\} + \Pr\{x \geqq 103\}$ であるから, $z = \dfrac{x - 101.0}{1.40}$ とおくと, $\Pr\{z \leqq \dfrac{97.0 - 101.0}{1.40}\} + \Pr\{z \geqq \dfrac{103.0 - 101.0}{1.40}\}$. すなわち, $\Pr\{z \leqq -2.86\} + \Pr\{z \geqq 1.43\} = 0.0021 + 0.0764 = 0.0785$(約 7.9 %).
(2) 母平均を 100.0, 母標準偏差を 1.40 とするとき $z = \dfrac{x - 100.0}{1.40}$ とおくと, 求める確率は $\Pr\{z \leqq -2.14\} + \Pr\{z \geqq 2.14\} = 0.0162 + 0.0162 = 0.0324$ となる.
(3) 母平均が規格幅の中心にあることから, 両側に 0.5% の規格外品が発生すると考えることができる. したがって, $\Pr\{\dfrac{103.0 - 100.0}{\sigma} \leqq z\} \leqq 0.005$ より, $2.576 \leqq \dfrac{3.0}{\sigma}$ となる. すなわち, $\sigma \leqq \dfrac{3.00}{2.576} = 1.16$ であればよい.

22. A 社と契約している学生の人数を x とすると, $x \sim B(36, 0.38)$. $\mu = np = 36 \times 0.38 = 13.68$, $\sigma = \sqrt{36 \times 0.38 \times 0.62} = 2.91$ より, $N(13.68, 2.91^2)$ で近似する. $x_N \sim N(13.68, 2.91^2)$ とすると, $\Pr\{x \geqq 18\} \approx \Pr\{x_N > 17.5\} = \Pr\{z > 1.31\} = 0.0951$. 答 : 0.095.

23. 1 日に n 個生産し, 合格品の個数を x とすれば, $x \sim B(n, 0.15)$. $\mu = 0.15n$, $\sigma = $

187

$\sqrt{0.1275n}$ であるから，$N(0.15n, (\sqrt{0.1275n})^2)$ で近似する．$\Pr\{x \geq 20\} \approx \Pr\{x_N > 19.5\}$．$x_N = 19.5$ の z 値は，$(19.5 - 0.15n)/\sqrt{0.1275n}$ である．正規分布表より，$(19.5 - 0.15n)/\sqrt{0.1275n} < -1.29$ が成り立つとき，$\Pr\{x_N > 19.5\} > 0.90$ となる．したがって，不等式 $(19.5 - 0.15n)/\sqrt{0.1275n} < -1.29$ を満たす n のうち最小の値を求めればよい．答：171 個．$B(n, 0.15)$ の確率を直接計算するならば，最適な解は $n = 170$．

24. (1) x と y は独立でない．   (2) x と y は独立である．

		y 0	y 1	計
x	0	2/20	6/20	8/20
	1	6/20	6/20	12/20
計		8/20	12/20	1

		y 0	y 1	計
x	0	4/25	6/25	10/25
	1	6/25	9/25	15/25
計		10/25	15/25	1

25. (1) ①0.19 ②0.82 (2) $U(0, 20)$ の平均は $\mu = 10$，分散は $\sigma^2 = (20-0)^2/12 = 100/3$．$\sigma/\sqrt{30} = 1.05$ であるから，中心極限定理を適用すると，$n = 30$ に基づく $\bar{x}$ は近似的に $\bar{x} \sim N(10, 1.05^2)$ である．①0.85，②0.03．

26.
① $z_{P=0.05} = (1.960)$ ② $z_{P=(0.01)} = 2.576$
③ $t_{P=0.01}(9) = (3.250)$ ④ $t_{P=0.05}(14) = 2.145$
⑤ $F_{P=0.05}(12, 6) = (4.00)$ ⑥ $F_{P=0.05}(8, 10) = 3.07$
⑦ $F_{P=0.95}(6, 12) = (0.25)$ ⑧ $\chi^2_{P=0.05}(25) = (37.7)$
⑨ $\chi^2_{P=0.95}(70) = 51.7$ ⑩ $\chi^2_{P=0.05}(1) = \{z_{P=0.05}\}^2$
⑪ $F_{P=0.05}(1, 14) = \{t_{P=0.05}(14)\}^2$ ⑫ $F_{P=0.05}(10, \infty) = \chi^2_{P=0.05}(10)/10$

27. (1) $H_0 : \sigma^2 = \sigma_0^2$ ($\sigma_0^2 = 7^2$), $H_1 : \sigma^2 < \sigma_0^2$．母分散が小さくなることを確認することから，左片側検定を採用する．
有意水準 $\alpha = 0.05$．検定統計量を計算する．

$$S = \sum x_i^2 - \frac{(\sum x_i)^2}{n} = 4711 - \frac{233^2}{12} = 186.92$$

$$\chi_0^2 = \frac{S}{\sigma_0^2} = \frac{186.92}{7^2} = 3.81$$

$\chi_0^2 = 3.81 < \chi^2_{P=0.95}(11) = 4.57$ となるので有意である．帰無仮説 H_0 を棄却して，「改善策によって，バネ製品の強度の母分散は目標値 7^2 に比べ小さくなった」と判断できる．

(2) 母分散の点推定値は，$\hat{\sigma}^2 = \dfrac{S}{n-1} = \dfrac{186.92}{11} = 16.99 = 4.12^2$．母分散の信頼率 95%の信頼区間は，$8.54 < \sigma^2 < 48.93$．

28. (1) 母平均の検定を行う.
$H_0 : \mu = \mu_0 (\mu_0 = 26.0)$, $H_1 : \mu > \mu_0$

平均値 　$\bar{x} = 26.9$

平方和 　$S = \sum x_i^2 - \dfrac{(\sum x_i)^2}{n} = 7253 - \dfrac{269^2}{10} = 16.90$

不偏分散 　$V = \dfrac{S}{n-1} = \dfrac{16.90}{9} = 1.878$

検定統計量 　$t_0 = \dfrac{\bar{x} - \mu_0}{\sqrt{V/n}} = \dfrac{26.9 - 26.0}{\sqrt{1.878/10}} = 2.077$

$t_0 = 2.077 > t_{P=0.10}(9) = 1.833$ となるので有意である.帰無仮説 H_0 を棄却して,「レイアウト変更後の昼食時における売上高の母平均は,26.0 万円より大きい」と判断できる.

(2) 点推定は,$\hat{\mu} = \bar{x} = 26.9$.

区間推定は,$\bar{x} - t_{P=0.05}(9)\sqrt{V/n} < \mu < \bar{x} + t_{P=0.05}(9)\sqrt{V/n}$

$\Rightarrow \quad 25.9 < \mu < 27.9 \quad$ (万円)となる.

29. (1) $H_0 : \mu_A = \mu_B$, $H_1 : \mu_A < \mu_B$

$S_A = \sum x_{A_i}^2 - \dfrac{(\sum x_{A_i})^2}{n_A} = 5963.11 - \dfrac{(243.9)^2}{10} = 14.389$, $V_A = \dfrac{S_A}{n_A - 1} = \dfrac{14.389}{10 - 1} = 1.599$, $S_B = \sum x_{B_i}^2 - \dfrac{(\sum x_{B_i})^2}{n_B} = 5916.54 - \dfrac{(230.6)^2}{9} = 8.056$, $V_B = \dfrac{S_B}{n_B - 1} = \dfrac{8.056}{9-1} = 1.007$ が求まる.

F 検定を行う.$V_A > V_B$ であるので,$\dfrac{V_A}{V_B} = \dfrac{1.599}{1.007} = 1.59$ となる.$F_{P=0.05}(9, 8) = 3.39$ より小さいので,等分散とみなせる.次に t 検定を用いると,棄却域は $R : t_0 \leq -t_{P=2\alpha}(\nu_A + \nu_B) = -t_{P=0.10}(9 + 8) = -1.740$ である.

検定統計量を求めると,$\bar{x}_A = 24.39$, $\bar{x}_B = 25.62$ から $V = \dfrac{S_A + S_B}{n_A + n_B - 2} = \dfrac{14.389 + 8.056}{10 + 9 - 2} = 1.320$, $t_0 = \dfrac{\bar{x}_A - \bar{x}_B}{\sqrt{V(1/n_A + 1/n_B)}} = \dfrac{24.39 - 25.62}{\sqrt{1.320(1/10 + 1/9)}} = -2.330$ が求まる.

判定は,$t_0 = -2.330 < -t_{P=0.10}(17) = -1.740$ となるので有意である.帰無仮説 H_0 を棄却して「改良基板 B の電気特性の母平均が,大きいといえる」と判断できる.

(2) 母平均の差の推定は,点推定:$\widehat{\mu_B - \mu_A} = \bar{x}_B - \bar{x}_A = 25.62 - 24.39 = 1.23$.
信頼係数 95% の $\mu_B - \mu_A$ の信頼区間は,$\nu_B + \nu_A = 8 + 9 = 17$ より

$\left((\bar{x}_B - \bar{x}_A) - t_{P=0.05}(17)\sqrt{V(1/n_B + 1/n_A)}, \right.$
$\left. (\bar{x}_B - \bar{x}_A) + t_{P=0.05}(17)\sqrt{V(1/n_B + 1/n_A)} \right)$

$\Rightarrow (1.23 - 1.114, 1.23 + 1.114) \Rightarrow (0.116, 2.334)$

30. (1) 重回帰モデルは，$y_i = \beta_0 + \beta_1 x_{i1} + \beta_2 x_{i2} + \varepsilon_i$ である．補助表より重回帰式の未知母数 β_0, β_1, β_2 を推定するために，各偏差平方和を求める．

$$\bar{y} = \frac{393}{15} = 26.200, \qquad \bar{x}_1 = \frac{500}{15} = 33.333, \qquad \bar{x}_2 = \frac{234.9}{15} = 15.660$$

$$S_{1y} = 13395.00 - \frac{500 \times 393}{15} = 295.000, \ S_{yy} = 10525.00 - \frac{393^2}{15} = 228.400$$

$$S_{2y} = 6182.40 - \frac{234.9 \times 393}{15} = 28.020, \ S_{11} = 17348.00 - \frac{500^2}{15} = 681.333$$

$$S_{12} = 7867.40 - \frac{500 \times 234.9}{15} = 37.400, \ S_{22} = 3685.85 - \frac{234.9^2}{15} = 7.316$$

β_0, β_1, β_2 を求める．

$$\left. \begin{array}{l} S_{11}\beta_1 + S_{12}\beta_2 = S_{1y} \\ S_{21}\beta_1 + S_{22}\beta_2 = S_{2y} \end{array} \right. \text{から} \left. \begin{array}{l} 681.333\beta_1 + 37.400\beta_2 = 295.000 \\ 37.400\beta_1 + 7.361\beta_2 = 28.020 \end{array} \right\} \text{を解く．}$$

すなわち，
$$\hat{\beta}_1 = \frac{295.000 \times 7.316 - 28.020 \times 37.400}{7.316 \times 681.333 - 37.400^2} = 0.310$$

$$\hat{\beta}_2 = \frac{295.000 \times 37.400 - 28.020 \times 681.333}{37.400^2 - 681.333 \times 7.361} = 2.247$$

$\hat{\beta}_0 = \bar{y} - \hat{\beta}_1 \bar{x}_1 - \hat{\beta}_2 \bar{x}_2 = 26.200 - 0.310 \times 33.333 - 2.247 \times 15.660 = -19.311$
求める重回帰式は．$\hat{\eta}_i = \hat{\beta}_0 + \hat{\beta}_1 x_{i1} + \hat{\beta}_2 x_{i2} = -19.311 + 0.310 x_{i1} + 2.247 x_{i2}$

(2) 回帰による平方和 S_R と残差平方和 S_e は，
$$S_R = \hat{\beta}_1 S_{1y} + \hat{\beta}_2 S_{2y} = 0.310 \times 295.000 + 2.247 \times 28.020 = 154.304$$
$$S_e = S_{yy} - S_R = 228.400 - 154.304 = 74.096$$
のように分解される．

(3) 寄与率 R^2 と自由度調整済み寄与率 R^{*2} は
$$R^2 = \frac{S_R}{S_{yy}} = 1 - \frac{S_e}{S_{yy}} = 1 - \frac{74.096}{228.400} = 0.676$$
寄与率は 67.6%．
$$R^{*2} = 1 - \frac{S_e/n-p-1}{S_{yy}/n-1} = 1 - \frac{(n-1)S_e}{(n-3)S_{yy}} = 1 - \frac{14 \times 74.096}{12 \times 228.400} = 0.622$$
説明変数の数により自由度を調整した自由度調整済み寄与率は 62.2%．

(4) 分散分析表

要因	S	ν	V	F_0
回帰 R	154.304	2	77.152	12.495**
残差 e	74.096	12	6.175	
計	228.400	14		

$F_{P=0.01}(2, 12) = 6.51$

分散分析表の結果より，予測式は 1% で有意である．

付表 1　正規分布表

$$K_P \longrightarrow P = \Pr\{z \geq K_P\} = \frac{1}{\sqrt{2\pi}} \int_{K_P}^{\infty} e^{-\frac{z^2}{2}} dz$$

(K_P から P を求める表)

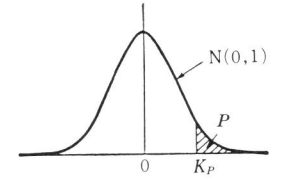

K_P	*=0	1	2	3	4	5	6	7	8	9
0·0*	·5000	·4960	·4920	·4880	·4840	·4801	·4761	·4721	·4681	·4641
0·1*	·4602	·4562	·4522	·4483	·4443	·4404	·4364	·4325	·4286	·4247
0·2*	·4207	·4168	·4129	·4090	·4052	·4013	·3974	·3936	·3897	·3859
0·3*	·3821	·3783	·3745	·3707	·3669	·3632	·3594	·3557	·3520	·3483
0·4*	·3446	·3409	·3372	·3336	·3300	·3264	·3228	·3192	·3156	·3121
0·5*	·3085	·3050	·3015	·2981	·2946	·2912	·2877	·2843	·2810	·2776
0·6*	·2743	·2709	·2676	·2643	·2611	·2578	·2546	·2514	·2483	·2451
0·7*	·2420	·2389	·2358	·2327	·2296	·2266	·2236	·2206	·2177	·2148
0·8*	·2119	·2090	·2061	·2033	·2005	·1977	·1949	·1922	·1894	·1867
0·9*	·1841	·1814	·1788	·1762	·1736	·1711	·1685	·1660	·1635	·1611
1·0*	·1587	·1562	·1539	·1515	·1492	·1469	·1446	·1423	·1401	·1379
1·1*	·1357	·1335	·1314	·1292	·1271	·1251	·1230	·1210	·1190	·1170
1·2*	·1151	·1131	·1112	·1093	·1075	·1056	·1038	·1020	·1003	·0985
1·3*	·0968	·0951	·0934	·0918	·0901	·0885	·0869	·0853	·0838	·0823
1·4*	·0808	·0793	·0778	·0764	·0749	·0735	·0721	·0708	·0694	·0681
1·5*	·0668	·0655	·0643	·0630	·0618	·0606	·0594	·0582	·0571	·0559
1·6*	·0548	·0537	·0526	·0516	·0505	·0495	·0485	·0475	·0465	·0455
1·7*	·0446	·0436	·0427	·0418	·0409	·0401	·0392	·0384	·0375	·0367
1·8*	·0359	·0351	·0344	·0336	·0329	·0322	·0314	·0307	·0301	·0294
1·9*	·0287	·0281	·0274	·0268	·0262	·0256	·0250	·0244	·0239	·0233
2·0*	·0228	·0222	·0217	·0212	·0207	·0202	·0197	·0192	·0188	·0183
2·1*	·0179	·0174	·0170	·0166	·0162	·0158	·0154	·0150	·0146	·0143
2·2*	·0139	·0136	·0132	·0129	·0125	·0122	·0119	·0116	·0113	·0110
2·3*	·0107	·0104	·0102	·0099	·0096	·0094	·0091	·0089	·0087	·0084
2·4*	·0082	·0080	·0078	·0075	·0073	·0071	·0069	·0068	·0066	·0064
2·5*	·0062	·0060	·0059	·0057	·0055	·0054	·0052	·0051	·0049	·0048
2·6*	·0047	·0045	·0044	·0043	·0041	·0040	·0039	·0038	·0037	·0036
2·7*	·0035	·0034	·0033	·0032	·0031	·0030	·0029	·0028	·0027	·0026
2·8*	·0026	·0025	·0024	·0023	·0023	·0022	·0021	·0021	·0020	·0019
2·9*	·0019	·0018	·0018	·0017	·0016	·0016	·0015	·0015	·0014	·0014
3·0*	·0013	·0013	·0013	·0012	·0012	·0011	·0011	·0011	·0010	·0010
3·5	·2326E−3									
4·0	·3167E−4									
4·5	·3398E−5									
5·0	·2867E−6									
5·5	·1899E−7									

例 $K_P = 1.96$ に対する P は, 左の見出しの 1·9* から右へ行き, 上の見出しの 6 から下がってきたところの値を読み, ·0250 となる.

注 正規分布 $N(0,1)$ の累積分布関数 $\Phi(z) = \int_{-\infty}^{z} \frac{1}{\sqrt{2\pi}} e^{-x^2/2} dx$ の求めかた:

$z < 0$ ならば, $|z| = K_P$ として P を読み, $\Phi(z) = P$ とする.

　　例：$\Phi(-1.96) = .0250$

$z > 0$ ならば, $z = K_P$ として P を読み, $\Phi(z) = 1 - P$ とする.

　　例：$\Phi(1.96) = .9750$

(出典) 森口繁一, 日科技連数値表委員会編：『新編 日科技連数値表』, 日科技連出版社, 1990年の p.4 に一部加筆して掲載.

付表2　χ^2　表

$\chi_P^2(\nu)$

（自由度 ν と上側確率 P とから χ^2 を求める表）

$$P = \int_{\chi^2}^{\infty} \frac{1}{\Gamma\left(\frac{\nu}{2}\right)} e^{-\frac{X}{2}} \left(\frac{X}{2}\right)^{\frac{\nu}{2}-1} \frac{dX}{2}$$

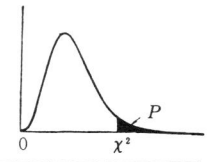

P \ ν	·995	·99	·975	·95	·90	·75	·50	·25	·10	**·05**	·025	**·01**	·005	ν
1	0·0⁴393	0·0³157	0·0³982	0·0²393	0·0158	0·102	0·455	1·323	2·71	**3·84**	5·02	**6·63**	7·88	1
2	0·0100	0·0201	0·0506	0·103	0·211	0·575	1·386	2·77	4·61	**5·99**	7·38	**9·21**	10·60	2
3	0·0717	0·115	0·216	0·352	0·584	1·213	2·37	4·11	6·25	**7·81**	9·35	**11·34**	12·84	3
4	0·207	0·297	0·484	0·711	1·064	1·923	3·36	5·39	7·78	**9·49**	11·14	**13·28**	14·86	4
5	0·412	0·554	0·831	1·145	1·610	2·67	4·35	6·63	9·24	**11·07**	12·83	**15·09**	16·75	5
6	0·676	0·872	1·237	1·635	2·20	3·45	5·35	7·84	10·64	**12·59**	14·45	**16·81**	18·55	6
7	0·989	1·239	1·690	2·17	2·83	4·25	6·35	9·04	12·02	**14·07**	16·01	**18·48**	20·3	7
8	1·344	1·646	2·18	2·73	3·49	5·07	7·34	10·22	13·36	**15·51**	17·53	**20·1**	22·0	8
9	1·735	2·09	2·70	3·33	4·17	5·90	8·34	11·39	14·68	**16·92**	19·02	**21·7**	23·6	9
10	2·16	2·56	3·25	3·94	4·87	6·74	9·34	12·55	15·99	**18·31**	20·5	**23·2**	25·2	10
11	2·60	3·05	3·82	4·57	5·58	7·58	10·34	13·70	17·28	**19·68**	21·9	**24·7**	26·8	11
12	3·07	3·57	4·40	5·23	6·30	8·44	11·34	14·85	18·55	**21·0**	23·3	**26·2**	28·3	12
13	3·57	4·11	5·01	5·89	7·04	9·30	12·34	15·98	19·81	**22·4**	24·7	**27·7**	29·8	13
14	4·07	4·66	5·63	6·57	7·79	10·17	13·34	17·12	21·1	**23·7**	26·1	**29·1**	31·3	14
15	4·60	5·23	6·26	7·26	8·55	11·04	14·34	18·25	22·3	**25·0**	27·5	**30·6**	32·8	15
16	5·14	5·81	6·91	7·96	9·31	11·91	15·34	19·37	23·5	**26·3**	28·8	**32·0**	34·3	16
17	5·70	6·41	7·56	8·67	10·09	12·79	16·34	20·5	24·8	**27·6**	30·2	**33·4**	35·7	17
18	6·26	7·01	8·23	9·39	10·86	13·68	17·34	21·6	26·0	**28·9**	31·5	**34·8**	37·2	18
19	6·84	7·63	8·91	10·12	11·65	14·56	18·34	22·7	27·2	**30·1**	32·9	**36·2**	38·6	19
20	7·43	8·26	9·59	10·85	12·44	15·45	19·34	23·8	28·4	**31·4**	34·2	**37·6**	40·0	20
21	8·03	8·90	10·28	11·59	13·24	16·3	20·3	24·9	29·6	**32·7**	35·5	**38·9**	41·4	21
22	8·64	9·54	10·98	12·34	14·04	17·24	21·3	26·0	30·8	**33·9**	36·8	**40·3**	42·8	22
23	9·26	10·20	11·69	13·09	14·85	18·14	22·3	27·1	32·0	**35·2**	38·1	**41·6**	44·2	23
24	9·89	10·86	12·40	13·85	15·66	19·04	23·3	28·2	33·2	**36·4**	39·4	**43·0**	45·6	24
25	10·52	11·52	13·12	14·61	16·47	19·94	24·3	29·3	34·4	**37·7**	40·6	**44·3**	46·9	25
26	11·16	12·20	13·84	15·38	17·29	20·8	25·3	30·4	35·6	**38·9**	41·9	**45·6**	48·3	26
27	11·81	12·88	14·57	16·15	18·11	21·7	26·3	31·5	36·7	**40·1**	43·2	**47·0**	49·6	27
28	12·46	13·56	15·31	16·93	18·94	22·7	27·3	32·6	37·9	**41·3**	44·5	**48·3**	51·0	28
29	13·12	14·26	16·05	17·71	19·77	23·6	28·3	33·7	39·1	**42·6**	45·7	**49·6**	52·3	29
30	13·79	14·95	16·79	18·49	20·6	24·5	29·3	34·8	40·3	**43·8**	47·0	**50·9**	53·7	30
40	20·7	22·2	24·4	26·5	29·1	33·7	39·3	45·6	51·8	**55·8**	59·3	**63·7**	66·8	40
50	28·0	29·7	32·4	34·8	37·7	42·9	49·3	56·3	63·2	**67·5**	71·4	**76·2**	79·5	50
60	35·5	37·5	40·5	43·2	46·5	52·3	59·3	67·0	74·4	**79·1**	83·3	**88·4**	92·0	60
70	43·3	45·4	48·8	51·7	55·3	61·7	69·3	77·6	85·5	**90·5**	95·0	**100·4**	104·2	70
80	51·2	53·5	57·2	60·4	64·3	71·1	79·3	88·1	96·6	**101·9**	106·6	**112·3**	116·3	80
90	59·2	61·8	65·6	69·1	73·3	80·6	89·3	98·6	107·6	**113·1**	118·1	**124·1**	128·3	90
100	67·3	70·1	74·2	77·9	82·4	90·1	99·3	109·1	118·5	**124·3**	129·6	**135·8**	140·2	100
y_P	−2·58	−2·33	−1·96	−1·64	−1·28	−0·674	0·000	0·674	1·282	**1·645**	1·960	**2·33**	2·58	y_P

注　表から読んだ値を $\chi_P^2(\nu)$, $\chi^2(\nu, P)$, $\chi_\nu^2(P)$ などと記すことがある．

例1．$\nu=10$, $P=0\cdot05$ に対する χ^2 の値は $18\cdot31$ である．これは自由度 10 のカイ二乗分布に従う確率変数が $18\cdot31$ 以上の値をとる確率が 5% であることを示す．

例2．$\nu=54$, $P=0\cdot01$ に対する χ^2 の値は，$\nu=60$ に対する値と $\nu=50$ に対する値とを用いて，$88\cdot4\times0\cdot4+76\cdot2\times0\cdot6=81\cdot1$ として求める．

例3．$\nu=145$, $P=0\cdot05$ に対する χ^2 の値は，Fisher の近似式を用いて，$\frac{1}{2}(y_P+\sqrt{2\nu-1})^2 = \frac{1}{2}(1\cdot645+\sqrt{289})^2=173\cdot8$ として求める（y_P は表の下端にある）．

（出典）森口繁一，日科技連数値表委員会編：『新編 日科技連数値表』，日科技連出版社，1990 年の p. 8 に一部加筆して掲載．

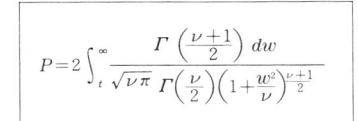

付表3　t 表

$t_P(\nu)$

（自由度 ν と両側確率 P とから t を求める表）

$$P = 2\int_t^\infty \frac{\Gamma\left(\frac{\nu+1}{2}\right)\,dw}{\sqrt{\nu\pi}\,\Gamma\left(\frac{\nu}{2}\right)\left(1+\frac{w^2}{\nu}\right)^{\frac{\nu+1}{2}}}$$

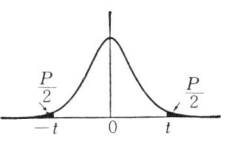

P \ ν	0.50	0.40	0.30	0.20	0.10	**0.05**	0.02	**0.01**	0.001	P \ ν
1	1.000	1.376	1.963	3.078	6.314	**12.706**	31.821	**63.657**	636.619	1
2	0.816	1.061	1.386	1.886	2.920	**4.303**	6.965	**9.925**	31.599	2
3	0.765	0.978	1.250	1.638	2.353	**3.182**	4.541	**5.841**	12.924	3
4	0.741	0.941	1.190	1.533	2.132	**2.776**	3.747	**4.604**	8.610	4
5	0.727	0.920	1.156	1.476	2.015	**2.571**	3.365	**4.032**	6.869	5
6	0.718	0.906	1.134	1.440	1.943	**2.447**	3.143	**3.707**	5.959	6
7	0.711	0.896	1.119	1.415	1.895	**2.365**	2.998	**3.499**	5.408	7
8	0.706	0.889	1.108	1.397	1.860	**2.306**	2.896	**3.355**	5.041	8
9	0.703	0.883	1.100	1.383	1.833	**2.262**	2.821	**3.250**	4.781	9
10	0.700	0.879	1.093	1.372	1.812	**2.228**	2.764	**3.169**	4.587	10
11	0.697	0.876	1.088	1.363	1.796	**2.201**	2.718	**3.106**	4.437	11
12	0.695	0.873	1.083	1.356	1.782	**2.179**	2.681	**3.055**	4.318	12
13	0.694	0.870	1.079	1.350	1.771	**2.160**	2.650	**3.012**	4.221	13
14	0.692	0.868	1.076	1.345	1.761	**2.145**	2.624	**2.977**	4.140	14
15	0.691	0.866	1.074	1.341	1.753	**2.131**	2.602	**2.947**	4.073	15
16	0.690	0.865	1.071	1.337	1.746	**2.120**	2.583	**2.921**	4.015	16
17	0.689	0.863	1.069	1.333	1.740	**2.110**	2.567	**2.898**	3.965	17
18	0.688	0.862	1.067	1.330	1.734	**2.101**	2.552	**2.878**	3.922	18
19	0.688	0.861	1.066	1.328	1.729	**2.093**	2.539	**2.861**	3.883	19
20	0.687	0.860	1.064	1.325	1.725	**2.086**	2.528	**2.845**	3.850	20
21	0.686	0.859	1.063	1.323	1.721	**2.080**	2.518	**2.831**	3.819	21
22	0.686	0.858	1.061	1.321	1.717	**2.074**	2.508	**2.819**	3.792	22
23	0.685	0.858	1.060	1.319	1.714	**2.069**	2.500	**2.807**	3.768	23
24	0.685	0.857	1.059	1.318	1.711	**2.064**	2.492	**2.797**	3.745	24
25	0.684	0.856	1.058	1.316	1.708	**2.060**	2.485	**2.787**	3.725	25
26	0.684	0.856	1.058	1.315	1.706	**2.056**	2.479	**2.779**	3.707	26
27	0.684	0.855	1.057	1.314	1.703	**2.052**	2.473	**2.771**	3.690	27
28	0.683	0.855	1.056	1.313	1.701	**2.048**	2.467	**2.763**	3.674	28
29	0.683	0.854	1.055	1.311	1.699	**2.045**	2.462	**2.756**	3.659	29
30	0.683	0.854	1.055	1.310	1.697	**2.042**	2.457	**2.750**	3.646	30
40	0.681	0.851	1.050	1.303	1.684	**2.021**	2.423	**2.704**	3.551	40
60	0.679	0.848	1.046	1.296	1.671	**2.000**	2.390	**2.660**	3.460	60
120	0.677	0.845	1.041	1.289	1.658	**1.980**	2.358	**2.617**	3.373	120
∞	0.674	0.842	1.036	1.282	1.645	**1.960**	2.326	**2.576**	3.291	∞

例　$\nu=10$，$P=0.05$ に対する t の値は，2.228 である．これは自由度 10 の t 分布に従う確率変数が 2.228 以上の絶対値をもって出現する確率が 5％ であることを示す．

注1．$\nu>30$ に対しては $120/\nu$ を用いる 1 次補間が便利である．

注2．表から読んだ値を，$t_P(\nu)$，$t(\nu,P)$，$t_\nu(P)$ などと記すことがある．

（出典）森口繁一，日科技連数値表委員会編：『新編 日科技連数値表』，日科技連出版社，1990 年の p.6 に一部加筆して掲載．

付表 4　F　表（5 %, 1 %）

$$F_P(\nu_1, \nu_2) \qquad P = \begin{cases} 0.05 \cdots \text{細字} \\ 0.01 \cdots \text{大字} \end{cases}$$

$$P = \int_F^\infty \frac{\nu_1^{\frac{\nu_1}{2}} \nu_2^{\frac{\nu_2}{2}} X^{\frac{\nu_1}{2}-1}}{B\left(\frac{\nu_1}{2}, \frac{\nu_2}{2}\right)(\nu_1 X + \nu_2)^{\frac{\nu_1+\nu_2}{2}}} dX$$

（分子の自由度 ν_1、分母の自由度 ν_2 から、上側確率 5 % および 1 % に対する F の値を求める表）（細字は 5 %、大字は 1 %）

ν_2 \ ν_1	1	2	3	4	5	6	7	8	9	10	12	15	20	24	30	40	60	120	∞	ν_1 \ ν_2
1	161· 4052·	200· 5000·	216· 5403·	225· 5625·	230· 5764·	234· 5859·	237· 5928·	239· 5981·	241· 6022·	242· 6056·	244· 6106·	246· 6157·	248· 6209·	249· 6235·	250· 6261·	251· 6287·	252· 6313·	253· 6339·	254· 6366·	1
2	18·5 98·5	19·0 99·0	19·2 99·2	19·2 99·2	19·3 99·3	19·3 99·3	19·4 99·4	19·4 99·4	19·4 99·4	19·4 99·4	19·4 99·4	19·4 99·4	19·4 99·4	19·5 99·5	19·5 99·5	19·5 99·5	19·5 99·5	19·5 99·5	19·5 99·5	2
3	10·1 34·1	9·55 30·8	9·28 29·5	9·12 28·7	9·01 28·2	8·94 27·9	8·89 27·7	8·85 27·5	8·81 27·3	8·79 27·2	8·74 27·1	8·70 26·9	8·66 26·7	8·64 26·6	8·62 26·5	8·59 26·4	8·57 26·3	8·55 26·2	8·53 26·1	3
4	7·71 21·2	6·94 18·0	6·59 16·7	6·39 16·0	6·26 15·5	6·16 15·2	6·09 15·0	6·04 14·8	6·00 14·7	5·96 14·5	5·91 14·4	5·86 14·2	5·80 14·0	5·77 13·9	5·75 13·8	5·72 13·7	5·69 13·7	5·66 13·6	5·63 13·5	4
5	6·61 16·3	5·79 13·3	5·41 12·1	5·19 11·4	5·05 11·0	4·95 10·7	4·88 10·5	4·82 10·3	4·77 10·2	4·74 10·1	4·68 9·89	4·62 9·72	4·56 9·55	4·53 9·47	4·50 9·38	4·46 9·29	4·43 9·20	4·40 9·11	4·36 9·02	5
6	5·99 13·7	5·14 10·9	4·76 9·78	4·53 9·15	4·39 8·75	4·28 8·47	4·21 8·26	4·15 8·10	4·10 7·98	4·06 7·87	4·00 7·72	3·94 7·56	3·87 7·40	3·84 7·31	3·81 7·23	3·77 7·14	3·74 7·06	3·70 6·97	3·67 6·88	6
7	5·59 12·2	4·74 9·55	4·35 8·45	4·12 7·85	3·97 7·46	3·87 7·19	3·79 6·99	3·73 6·84	3·68 6·72	3·64 6·62	3·57 6·47	3·51 6·31	3·44 6·16	3·41 6·07	3·38 5·99	3·34 5·91	3·30 5·82	3·27 5·74	3·23 5·65	7
8	5·32 11·3	4·46 8·65	4·07 7·59	3·84 7·01	3·69 6·63	3·58 6·37	3·50 6·18	3·44 6·03	3·39 5·91	3·35 5·81	3·28 5·67	3·22 5·52	3·15 5·36	3·12 5·28	3·08 5·20	3·04 5·12	3·01 5·03	2·97 4·95	2·93 4·86	8
9	5·12 10·6	4·26 8·02	3·86 6·99	3·63 6·42	3·48 6·06	3·37 5·80	3·29 5·61	3·23 5·47	3·18 5·35	3·14 5·26	3·07 5·11	3·01 4·96	2·94 4·81	2·90 4·73	2·86 4·65	2·83 4·57	2·79 4·48	2·75 4·40	2·71 4·31	9
10	4·96 10·0	4·10 7·56	3·71 6·55	3·48 5·99	3·33 5·64	3·22 5·39	3·14 5·20	3·07 5·06	3·02 4·94	2·98 4·85	2·91 4·71	2·85 4·56	2·77 4·41	2·74 4·33	2·70 4·25	2·66 4·17	2·62 4·08	2·58 4·00	2·54 3·91	10
11	4·84 9·65	3·98 7·21	3·59 6·22	3·36 5·67	3·20 5·32	3·09 5·07	3·01 4·89	2·95 4·74	2·90 4·63	2·85 4·54	2·79 4·40	2·72 4·25	2·65 4·10	2·61 4·02	2·57 3·94	2·53 3·86	2·49 3·78	2·45 3·69	2·40 3·60	11
12	4·75 9·33	3·89 6·93	3·49 5·95	3·26 5·41	3·11 5·06	3·00 4·82	2·91 4·64	2·85 4·50	2·80 4·39	2·75 4·30	2·69 4·16	2·62 4·01	2·54 3·86	2·51 3·78	2·47 3·70	2·43 3·62	2·38 3·54	2·34 3·45	2·30 3·36	12
13	4·67 9·07	3·81 6·70	3·41 5·74	3·18 5·21	3·03 4·86	2·92 4·62	2·83 4·44	2·77 4·30	2·71 4·19	2·67 4·10	2·60 3·96	2·53 3·82	2·46 3·66	2·42 3·59	2·38 3·51	2·34 3·43	2·30 3·34	2·25 3·25	2·21 3·17	13
14	4·60 8·86	3·74 6·51	3·34 5·56	3·11 5·04	2·96 4·69	2·85 4·46	2·76 4·28	2·70 4·14	2·65 4·03	2·60 3·94	2·53 3·80	2·46 3·66	2·39 3·51	2·35 3·43	2·31 3·35	2·27 3·27	2·22 3·18	2·18 3·09	2·13 3·00	14
15	4·54 8·68	3·68 6·36	3·29 5·42	3·06 4·89	2·90 4·56	2·79 4·32	2·71 4·14	2·64 4·00	2·59 3·89	2·54 3·80	2·48 3·67	2·40 3·52	2·33 3·37	2·29 3·29	2·25 3·21	2·20 3·13	2·16 3·05	2·11 2·96	2·07 2·87	15

F分布表 (上側 5% と 1% 点)

各セルは上段が 5% 点、下段が 1% 点を表す。

$\nu_2 \backslash \nu_1$	1	2	3	4	5	6	7	8	9	10	12	15	20	24	30	40	60	120	∞
16	4.49 / 8.53	3.63 / 6.23	3.24 / 5.29	3.01 / 4.77	2.85 / 4.44	2.74 / 4.20	2.66 / 4.03	2.59 / 3.89	2.54 / 3.78	2.49 / 3.69	2.42 / 3.55	2.35 / 3.41	2.28 / 3.26	2.24 / 3.18	2.19 / 3.10	2.15 / 3.02	2.11 / 2.93	2.06 / 2.84	2.01 / 2.75
17	4.45 / 8.40	3.59 / 6.11	3.20 / 5.18	2.96 / 4.67	2.81 / 4.34	2.70 / 4.10	2.61 / 3.93	2.55 / 3.79	2.49 / 3.68	2.45 / 3.59	2.38 / 3.46	2.31 / 3.31	2.23 / 3.16	2.19 / 3.08	2.15 / 3.00	2.10 / 2.92	2.06 / 2.83	2.01 / 2.75	1.96 / 2.65
18	4.41 / 8.29	3.55 / 6.01	3.16 / 5.09	2.93 / 4.58	2.77 / 4.25	2.66 / 4.01	2.58 / 3.84	2.51 / 3.71	2.46 / 3.60	2.41 / 3.51	2.34 / 3.37	2.27 / 3.23	2.19 / 3.08	2.15 / 3.00	2.11 / 2.92	2.06 / 2.84	2.02 / 2.75	1.97 / 2.66	1.92 / 2.57
19	4.38 / 8.18	3.52 / 5.93	3.13 / 5.01	2.90 / 4.50	2.74 / 4.17	2.63 / 3.94	2.54 / 3.77	2.48 / 3.63	2.42 / 3.52	2.38 / 3.43	2.31 / 3.30	2.23 / 3.15	2.16 / 3.00	2.11 / 2.92	2.07 / 2.84	2.03 / 2.76	1.98 / 2.67	1.93 / 2.58	1.88 / 2.49
20	4.35 / 8.10	3.49 / 5.85	3.10 / 4.94	2.87 / 4.43	2.71 / 4.10	2.60 / 3.87	2.51 / 3.70	2.45 / 3.56	2.39 / 3.46	2.35 / 3.37	2.28 / 3.23	2.20 / 3.09	2.12 / 2.94	2.08 / 2.86	2.04 / 2.78	1.99 / 2.69	1.95 / 2.61	1.90 / 2.52	1.84 / 2.42
21	4.32 / 8.02	3.47 / 5.78	3.07 / 4.87	2.84 / 4.37	2.68 / 4.04	2.57 / 3.81	2.49 / 3.64	2.42 / 3.51	2.37 / 3.40	2.32 / 3.31	2.25 / 3.17	2.18 / 3.03	2.10 / 2.88	2.05 / 2.80	2.01 / 2.72	1.96 / 2.64	1.92 / 2.55	1.87 / 2.46	1.81 / 2.36
22	4.30 / 7.95	3.44 / 5.72	3.05 / 4.82	2.82 / 4.31	2.66 / 3.99	2.55 / 3.76	2.46 / 3.59	2.40 / 3.45	2.34 / 3.35	2.30 / 3.26	2.23 / 3.12	2.15 / 2.98	2.07 / 2.83	2.03 / 2.75	1.98 / 2.67	1.94 / 2.58	1.89 / 2.50	1.84 / 2.40	1.78 / 2.31
23	4.28 / 7.88	3.42 / 5.66	3.03 / 4.76	2.80 / 4.26	2.64 / 3.94	2.53 / 3.71	2.44 / 3.54	2.37 / 3.41	2.32 / 3.30	2.27 / 3.21	2.20 / 3.07	2.13 / 2.93	2.05 / 2.78	2.01 / 2.70	1.96 / 2.62	1.91 / 2.54	1.86 / 2.45	1.81 / 2.35	1.76 / 2.26
24	4.26 / 7.82	3.40 / 5.61	3.01 / 4.72	2.78 / 4.22	2.62 / 3.90	2.51 / 3.67	2.42 / 3.50	2.36 / 3.36	2.30 / 3.26	2.25 / 3.17	2.18 / 3.03	2.11 / 2.89	2.03 / 2.74	1.98 / 2.66	1.94 / 2.58	1.89 / 2.49	1.84 / 2.40	1.79 / 2.31	1.73 / 2.21
25	4.24 / 7.77	3.39 / 5.57	2.99 / 4.68	2.76 / 4.18	2.60 / 3.85	2.49 / 3.63	2.40 / 3.46	2.34 / 3.32	2.28 / 3.22	2.24 / 3.13	2.16 / 2.99	2.09 / 2.85	2.01 / 2.70	1.96 / 2.62	1.92 / 2.54	1.87 / 2.45	1.82 / 2.36	1.77 / 2.27	1.71 / 2.17
26	4.23 / 7.72	3.37 / 5.53	2.98 / 4.64	2.74 / 4.14	2.59 / 3.82	2.47 / 3.59	2.39 / 3.42	2.32 / 3.29	2.27 / 3.18	2.22 / 3.09	2.15 / 2.96	2.07 / 2.81	1.99 / 2.66	1.95 / 2.58	1.90 / 2.50	1.85 / 2.42	1.80 / 2.33	1.75 / 2.23	1.69 / 2.13
27	4.21 / 7.68	3.35 / 5.49	2.96 / 4.60	2.73 / 4.11	2.57 / 3.78	2.46 / 3.56	2.37 / 3.39	2.31 / 3.26	2.25 / 3.15	2.20 / 3.06	2.13 / 2.93	2.06 / 2.78	1.97 / 2.63	1.93 / 2.55	1.88 / 2.47	1.84 / 2.38	1.79 / 2.29	1.73 / 2.20	1.67 / 2.10
28	4.20 / 7.64	3.34 / 5.45	2.95 / 4.57	2.71 / 4.07	2.56 / 3.75	2.45 / 3.53	2.36 / 3.36	2.29 / 3.23	2.24 / 3.12	2.19 / 3.03	2.12 / 2.90	2.04 / 2.75	1.96 / 2.60	1.91 / 2.52	1.87 / 2.44	1.82 / 2.35	1.77 / 2.26	1.71 / 2.17	1.65 / 2.06
29	4.18 / 7.60	3.33 / 5.42	2.93 / 4.54	2.70 / 4.04	2.54 / 3.73	2.43 / 3.50	2.35 / 3.33	2.28 / 3.20	2.22 / 3.09	2.18 / 3.00	2.10 / 2.87	2.03 / 2.73	1.94 / 2.57	1.90 / 2.49	1.85 / 2.41	1.81 / 2.33	1.75 / 2.23	1.70 / 2.14	1.64 / 2.03
30	4.17 / 7.56	3.32 / 5.39	2.92 / 4.51	2.69 / 4.02	2.53 / 3.70	2.42 / 3.47	2.33 / 3.30	2.27 / 3.17	2.21 / 3.07	2.16 / 2.98	2.09 / 2.84	2.01 / 2.70	1.93 / 2.55	1.89 / 2.47	1.84 / 2.39	1.79 / 2.30	1.74 / 2.21	1.68 / 2.11	1.62 / 2.01
40	4.08 / 7.31	3.23 / 5.18	2.84 / 4.31	2.61 / 3.83	2.45 / 3.51	2.34 / 3.29	2.25 / 3.12	2.18 / 2.99	2.12 / 2.89	2.08 / 2.80	2.00 / 2.66	1.92 / 2.52	1.84 / 2.37	1.79 / 2.29	1.74 / 2.20	1.69 / 2.11	1.64 / 2.02	1.58 / 1.92	1.51 / 1.80
60	4.00 / 7.08	3.15 / 4.98	2.76 / 4.13	2.53 / 3.65	2.37 / 3.34	2.25 / 3.12	2.17 / 2.95	2.10 / 2.82	2.04 / 2.72	1.99 / 2.63	1.92 / 2.50	1.84 / 2.35	1.75 / 2.20	1.70 / 2.12	1.65 / 2.03	1.59 / 1.94	1.53 / 1.84	1.47 / 1.73	1.39 / 1.60
120	3.92 / 6.85	3.07 / 4.79	2.68 / 3.95	2.45 / 3.48	2.29 / 3.17	2.18 / 2.96	2.09 / 2.79	2.02 / 2.66	1.96 / 2.56	1.91 / 2.47	1.83 / 2.34	1.75 / 2.19	1.66 / 2.03	1.61 / 1.95	1.55 / 1.86	1.50 / 1.76	1.43 / 1.66	1.35 / 1.53	1.25 / 1.38
∞	3.84 / 6.63	3.00 / 4.61	2.60 / 3.78	2.37 / 3.32	2.21 / 3.02	2.10 / 2.80	2.01 / 2.64	1.94 / 2.51	1.88 / 2.41	1.83 / 2.32	1.75 / 2.18	1.67 / 2.04	1.57 / 1.88	1.52 / 1.79	1.46 / 1.70	1.39 / 1.59	1.32 / 1.47	1.22 / 1.32	1.00 / 1.00

例1. 自由度 $\nu_1 = 5$, $\nu_2 = 10$ の F 分布の (上側) 5% の点は 3.33, 1% の点は 5.64 である。

例2. 自由度 $(5, 10)$ の F 分布の下側 5% の点を求めるには, $\nu_1 = 10$, $\nu_2 = 5$ に対して表を読んで 4.74 を得, その逆数をとって $1/4.74$ とする。

注 自由度の大きいところでの補間は $120/\nu$ を用いる 1 次補間による (→p.18)。

(出典) 森口繁一, 日科技連数値表委員会編:『新編 日科技連数値表』. 日科技連出版社. 1990 年の p.10〜11 に一部加筆して掲載。

付表5　　r　表

$\nu, P \longrightarrow r$

$$P = 2\int_r^1 \frac{(1-x^2)^{\frac{\nu}{2}-1}}{B\left(\frac{\nu}{2}, \frac{1}{2}\right)} dx$$

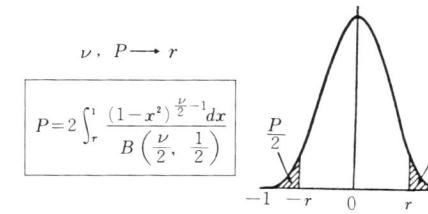

（自由度 ν の r の両側確率 P の点）

ν＼P	0.10	0.05	0.02	0.01
10	・4973	・5760	・6581	・7079
11	・4762	・5529	・6339	・6835
12	・4575	・5324	・6120	・6614
13	・4409	・5140	・5923	・6411
14	・4259	・4973	・5742	・6226
15	・4124	・4821	・5577	・6055
16	・4000	・4683	・5425	・5897
17	・3887	・4555	・5285	・5751
18	・3783	・4438	・5155	・5614
19	・3687	・4329	・5034	・5487
20	・3598	・4227	・4921	・5368
25	・3233	・3809	・4451	・4869
30	・2960	・3494	・4093	・4487
35	・2746	・3246	・3810	・4182
40	・2573	・3044	・3578	・3932
50	・2306	・2732	・3218	・3542
60	・2108	・2500	・2948	・3248
70	・1954	・2319	・2737	・3017
80	・1829	・2172	・2565	・2830
90	・1726	・2050	・2422	・2673
100	・1638	・1946	・2301	・2540
近似式	$\frac{1.645}{\sqrt{\nu+1}}$	$\frac{1.960}{\sqrt{\nu+1}}$	$\frac{2.326}{\sqrt{\nu+2}}$	$\frac{2.576}{\sqrt{\nu+3}}$

例　自由度 $\nu=30$ の場合の両側5％の点は 0.3494 である．

注　自由度は，一般的には ν は $(n-2)$ である．この表から読んだ値を $r_P(\nu)$ と記す．

[r 表と z 変換図表の使いかた]

これらは相関係数に関する検定，推定に用いられる〔仮説：$\rho=0$ の検定には r 表，その他一般の場合には z 変換図表が利用できる〕．

(a)　相関係数の有意性の検定

二次元正規母集団からとった n 対の試料 $(x_1, y_1), \cdots, (x_n, y_n)$ から試料相関係数

$$r = \frac{\sum_{i=1}^{n}(x_i-\bar{x})(y_i-\bar{y})}{\sqrt{\sum_{i=1}^{n}(x_i-\bar{x})^2 \sum_{i=1}^{n}(y_i-\bar{y})^2}}$$

を計算すると，仮説 H_0：$\rho=0$〔ρ は母相関係数〕の検定は，$|r| \geq r_\alpha(n-2)$ のときに H_0 を捨てればよい〔有意水準 α〕．

例　$n=20$，$r=-0.675$ のとき自由度 $\nu=18$ となり，$r_{0.05}(18)=.4438$，$r_{0.01}(18)=.5614$ だから，$|r|=0.675$ は有意水準1％で有意である．

(b)　偏相関係数の有意性の検定

試料偏相関係数 $r_{12\cdot3\cdots k}$ を用いて，仮説 H_0：$\rho_{12\cdot3\cdots k}$〔母偏相関係数〕$=0$ を検定する規則は，$|r_{12\cdot3\cdots k}| \geq r_\alpha(n-k)$ なら H_0 を捨てることとする〔有意水準 α〕．

(c)　母相関係数の信頼限界

相関係数 ρ なる二次元正規母集団から得た大きさ n の試料の試料相関係数を r とし，z 変換：

$$r \to z = \tanh^{-1} r, \quad \rho \to \zeta = \tanh^{-1} \rho$$

を行うと，z は近似的に平均 ζ，標準偏差 $1/\sqrt{n-3}$ の正規分布をする．したがって ζ の信頼率95％信頼限界は $z \pm 1.96/\sqrt{n-3}$ で与えられる．これを逆変換で ρ にもどせば ρ の信頼限界が得られる．

例　$n=20$，$r=-0.675$ のときは，$z=-0.820$，$1/\sqrt{n-3}=1/\sqrt{17}=0.243$，$\zeta$ の95％信頼限界は $-0.820 \pm 1.96 \times 0.243 = -0.820 \pm 0.476 = -0.344, -1.296$．

これを逆変換でもどすと，ρ の信頼率95％信頼限界は $-0.331, -0.861$ と求められる．

（出典）森口繁一，日科技連数値表委員会編：『新編 日科技連数値表』，日科技連出版社，1990年の p.20 に一部加筆して掲載．

付表6 乱数表の例

```
82 69 41 01 98   53 38 38 77 96   38 21 08 78 41   21 91 44 58 34   29 73 80 76 80
17 66 04 63 41   77 51 83 33 14   04 23 86 16 23   44 37 81 32 71   14 62 21 91 11
58 26 41 01 59   68 98 40 57 93   41 58 15 53 52   48 67 96 77 09   40 04 65 63 09
07 16 73 31 65   61 64 17 83 92   67 70 62 34 65   61 85 15 24 36   19 72 16 57 20
13 43 40 20 44   75 93 89 23 44   59 95 05 42 31   89 35 88 85 65   23 85 04 45 44

26 86 01 11 93   19 96 29 40 36   03 99 67 87 54   25 16 38 69 73   05 31 83 78 55
38 75 35 82 11   00 81 99 77 75   55 50 22 45 74   66 78 10 03 70   95 31 91 23 99
62 86 84 47 47   44 88 10 83 73   68 40 94 81 56   91 80 40 87 71   79 78 05 23 45
62 88 58 97 83   35 14 27 88 69   38 03 25 20 18   98 84 74 10 38   08 81 57 44 38
56 63 41 73 69   71 11 08 02 22   54 93 82 38 95   39 87 63 52 59   84 32 98 57 87

22 64 95 98 05   66 83 86 98 01   11 47 12 32 05   46 72 06 63 42   12 91 15 16 02
92 77 38 93 35   66 98 43 50 87   12 93 49 62 27   91 05 93 32 41   64 70 29 43 23
72 31 02 74 28   95 57 25 71 05   93 87 29 72 20   44 98 06 84 76   70 63 94 37 87
96 24 11 47 32   79 92 28 60 76   98 90 99 07 13   21 96 72 64 40   04 32 19 67 44
92 76 08 37 03   42 02 88 03 51   61 82 12 67 26   18 14 34 71 53   42 21 15 30 81

62 30 11 43 58   64 54 72 13 14   15 17 41 35 56   52 55 38 84 74   32 38 80 07 15
44 80 77 97 30   33 80 68 83 88   11 60 03 40 54   35 00 27 70 53   61 81 42 23 70
47 07 55 30 25   42 02 47 27 28   29 74 00 44 69   96 90 69 05 62   23 66 61 11 03
64 07 82 05 27   12 84 96 51 74   05 20 84 45 66   11 83 71 31 78   62 39 47 74 65
83 65 17 55 22   11 24 61 41 94   25 24 88 49 42   29 33 60 93 50   39 95 37 96 97

56 78 68 91 56   20 25 96 71 17   23 72 44 40 33   00 60 14 29 15   41 33 48 22 60
94 14 77 00 08   03 31 01 74 18   01 94 77 17 39   68 95 26 16 33   29 91 83 85 63
89 03 76 89 00   66 41 72 40 99   30 79 17 58 52   28 69 56 31 05   10 67 40 89 04
47 50 75 77 58   50 10 81 87 28   78 97 60 60 74   84 38 89 42 22   53 95 41 39 64
13 53 30 19 65   45 70 06 41 99   38 90 71 38 65   16 03 27 39 54   44 48 62 81 42

56 15 07 26 23   03 20 27 68 53   52 23 56 99 08   38 16 66 94 90   93 27 29 85 52
66 57 11 72 47   49 99 75 81 49   11 33 01 53 46   48 84 62 51 07   38 48 37 84 61
18 70 75 69 83   27 42 08 42 32   98 09 18 30 08   50 43 88 29 16   41 52 51 74 18
80 01 74 84 64   85 60 18 90 05   04 89 02 21 99   66 08 34 08 51   76 98 69 45 68
73 09 21 10 26   42 76 96 96 67   38 31 80 14 95   85 24 21 21 98   59 64 81 65 55

51 10 26 95 56   14 57 33 37 48   40 89 46 24 36   96 76 09 00 19   69 54 06 09 53
76 86 54 99 70   94 22 80 66 42   98 99 68 17 57   58 82 15 79 48   03 57 64 62 35
59 58 40 46 54   75 46 74 70 53   27 08 91 73 59   38 40 46 81 13   68 45 90 02 87
76 78 86 82 37   92 71 64 35 88   73 84 41 37 88   64 95 23 72 03   79 91 71 30 04
80 58 54 62 80   94 10 14 54 26   86 37 72 29 78   13 56 65 62 38   56 59 90 27 29

69 30 74 71 17   02 37 55 92 73   33 14 21 87 08   12 77 97 29 42   94 47 82 27 22
08 20 69 34 34   60 92 83 45 49   66 38 31 51 48   57 02 11 40 22   15 25 88 06 57
37 80 59 15 14   30 44 06 91 66   00 77 11 19 38   14 84 97 82 92   45 14 85 99 20
81 45 72 59 90   57 50 22 04 27   53 23 00 49 15   49 27 83 13 33   93 64 64 36 77
23 03 76 70 82   29 35 94 85 13   68 46 92 22 46   99 96 27 73   96 00 88 65 16

73 39 18 51 24   23 89 51 91 16   26 52 05 39 87   61 49 26 75 81   35 89 21 99 48
91 28 53 00 70   16 18 39 81 82   09 86 94 36 59   17 15 51 37 23   68 19 64 93 74
46 82 06 04 38   20 67 31 59 26   39 73 23 24 24   14 06 87 09 13   00 30 38 38 05
81 15 86 25 86   07 58 60 18 93   52 52 04 59 53   61 82 17 08 81   91 90 66 67 39
43 77 34 49 86   98 20 99 18 81   92 46 75 32 82   84 60 96 09 60   57 26 23 36 11

67 26 67 28 42   03 30 79 21 30   73 85 83 99 12   42 12 89 70 86   46 25 58 00 80
38 25 56 88 83   92 02 54 80 38   51 66 56 77 51   75 48 11 37 18   79 81 36 25 93
90 15 30 77 30   47 72 29 66 14   40 96 25 45 96   51 40 71 47 49   63 43 30 38 92
61 53 95 73 24   87 94 87 35 18   59 18 82 99 75   80 55 80 89 73   10 74 47 86 85
85 59 27 83 53   19 80 44 68 77   86 86 73 88 75   98 06 98 65 01   77 78 86 79 60
```

所載の疑似乱数発生プログラムで,引数IXを1985としたときの乱数FRANDの小数第一位をならべたものである．

(出典) 森口繁一,日科技連数値表委員会編:『新編 日科技連数値表』,日科技連出版社,1990年,p.38.

参 考 文 献

基礎統計の一般教養書
[1] P.G. ホエール著, 浅井・村上共訳：『初等統計学［第4版］』, 培風館, 1981.
[2] 林周二：『基礎課程 統計および統計学』, 東京大学出版会, 1988.
[3] 宮川公男：『基本統計学［第3版］』, 有斐閣, 1999.
[4] 東京大学教養学部統計学教室編：『基礎統計学1 統計学入門』, 東京大学出版会, 1991.
[5] 稲垣・山根・吉田共著：『統計学入門』, 裳華房, 1992.
[6] 栗栖・濱田・稲垣共著：『統計学の基礎』, 裳華房, 2001.

確率，数理統計学
[7] W. フェラー著, 河田龍夫監訳：『確率論とその応用（上・下）』. 紀伊国屋書店, 1960, 1961.
[8] 竹内啓：『数理統計学』, 東洋経済新報社, 1963.
[9] 小針晛宏：『確率・統計入門』, 岩波書店, 1973.
[10] 鈴木雪夫：『新数学講座11 統計学』, 朝倉書店, 1987.

経営・経済・社会科学のための統計学書
[11] 桑田秀夫, 『経営・経済系のための統計学』, 日科技連出版社, 1992.
[12] 東京大学教養学部統計学教室編：『基礎統計学2 人文・社会科学の統計学』, 東京大学出版会, 1994.
[13] 稲葉三男, 他：『経済・経営 統計入門［第2版］』, 共立出版, 2004.

統計学の実務用の名著書
[14] 鐵健司：『新版 品質管理のための統計的方法入門』, 日科技連出版社, 2000.
[15] 森口繁一編：『新編 統計的方法［改訂版］』, 日本規格協会, 1989.
[16] 永田靖：『入門 統計解析法』, 日科技連出版社, 1992.

相関分析と回帰分析関連
[17] S. チャタジー＆ B. プライス共著, 佐和・加納訳：『回帰分析の実際』, 新曜社, 1981.
[18] 田中豊, 脇本和昌：『多変量統計解析法』, 現代数学社, 1983.
[19] 小林龍一：『相関・回帰分析法入門［新訂版］』, 日科技連出版社, 1972.
[20] 日本科学技術研修所編：『JUSE-MA による多変量解析』, 日科技連出版社, 1997.
[21] N.R. ドレーパー＆ H. スミス共著：『Applied regression analysis』 3rd ed., Wiley, 1998.

参考文献

時系列解析関連
[22] P.J. ブロックウェル & R.A. デービス共著，逸見他訳：『入門 時系列解析と予測 [改訂第 2 版]』，シーエーピー出版，2004.
[23] 北川源四郎：『時系列解析入門』，岩波書店，2005.

統計解析ソフトの関連
[24] 柳井久江：『4 Steps エクセル統計 [第 2 版]』，オーエムエス出版，2004.
[25] 坪井達夫：『Excel で学ぶ統計　統計で学ぶ Excel』，エーアイ出版，2001.
[26] 岡田昌史編：『The R Book——データ解析環境 R の活用事例集』，九天社，2004.
[27] 荒木孝治編著：『フリーソフトウェア R による統計的品質管理入門』，日科技連出版社，2005.
[28] 舟尾暢男：『The R Tips——データ解析環境 R の基本技・グラフィックス活用集』，九天社，2005.

その他
[29] 総務省統計研修所編集：『日本の統計 2006』，日本統計協会，2006.
[30] 内閣府編集：『平成 18 年版経済財政白書』，2006.

索　引

[英字]

accept　*107*
acceptance region　*108*
alternative hypothesis　*105*

category　*131*
chance variability　*139*
class　*131*
coefficient of determination　*156*
confidence coefficient　*102*
confidence limit　*102*
contingency table　*134*
correlogram　*146*
criterion variable　*31*

degrees of freedom　*95*

error of the first kind　*110*
error of the second kind　*110*
estimation　*101*
expected frequency　*131*
explanatory variable　*31*

independence　*134*
interval estimation　*101*

lag　*148*
length of time series　*142*

moving average　*142*
multiple correlation coefficient　*156*
multiple regression analysis　*150*

null hypothesis　*105*

one-sided test　*110*

parameter　*93*
period variability　*139*
point estimation　*101*
power of a test　*110*

regression diagnostics　*160*
regression sum of squares　*155*
reject　*107*
rejection region　*108*

sample autocorrelation coefficient　*147*
significant level　*106*
statistical test　*105*
statistics　*93*

test for independence　*134*
test of goodness of fit　*131*
time series　*137*
time series analysis　*137*
trend　*139*
two-sided confidence interval　*102*
two-sided test　*109*

unbiased estimator　*102*

[あ行]

あわてものの誤り　*110*
一様分布　*65*
移動平均法　*142*
Welch の検定と推定　*122*
うっかりものの誤り　*110*
F 分布　*98*, *118*

索 引

[か行]

回帰係数　33
回帰診断　160
回帰直線　31, 32
回帰平方和　155
階級　8
階級値　8
階乗　40
χ^2 分布　95, 113
確率　43
確率関数　52
確率分布　52
確率変数　51
確率変数の平均　53
確率密度　63
確率密度関数　63
片側仮説　110
カテゴリー　131
加法定理　44
棄却域　108
棄却する　107
季節指数　146
期待度数　131
帰無仮説　105
級　131
共分散　79
寄与率　34, 156
空事象　44
偶然変動　139
区間推定　101
組合せ　40
クロス集計表　38
傾向変動　139
決定係数　34, 156
検出力　110
個体　1
コレログラム　146

根元事象　43

[さ行]

採択域　108
採択する　107
最頻値　15
Satterthwaite の方法　122
残差平方和　154
散布図　23
シグマ記号　12
σ^2 の同時推定　121
時系列　137
時系列の長さ　142
時系列分析　137
試行　43
事象　43
自然対数の底　43
質的データ　3, 166
質的変数　2
四分位範囲　21
重回帰分析　150
周期的変動　139
重相関係数　156
自由度　95
自由度調整済み重相関係数　157
周辺確率分布　78, 82
順列　39
条件つき確率　45
乗法定理　46
信頼係数　102
信頼限界　102
信頼率　102
推定　101
ステップワイズ法　165
正規分布　66
正の完全相関　26
正の相関関係　24
積事象　44
z 値　70

説明されない変動　34
説明される変動　34
説明変数　31, 150
線形相関　24
全事象　43
全数調査　3
全変動　34
相関係数　24
相対度数　7
相対累積度数　7
相対累積度数折れ線　9

［た行］

ダービン・ワトソンの検定　160
第1四分位数　10
第1種の誤り　110
対応がある場合の母平均の差と検定と推定　123
第3四分位数　10
第2種の誤り　110
対立仮説　105
中央値　10, 15
中心極限定理　90
t分布　96, 115
適合度の検定　131
点推定　101
等価自由度　123
（統計的）検定　105
統計量　84, 93
同時確率分布　77
独立　48, 49, 79, 134
独立事象の乗法定理　49
独立性の χ^2 検定　134
度数　6, 131
度数分布表　7

［な行］

2項分布　59
ネピアの数　43

［は行］

パーセンタイル　11
排反　44
範囲　21
非心度　110
ヒストグラム　8
歪み　11
非復元抽出　5
標準化の公式　70
標準正規曲線　67
標準正規分布　67, 94
標準偏差　16, 55, 64
表側　38, 133
表頭　38, 133
標本　3
標本共分散　24
標本空間　43
標本自己相関係数　147
標本調査　3
標本の大きさ　3
標本標準偏差　17
標本分散　16
標本平均　14
プールした分散　121
復元抽出　6
複合事象　43
2つの母分散の比に関する検定　118
負の完全相関　25
負の相関関係　24
不偏推定量　84, 102
不偏分散　87
フリーソフトウェア R　173
分割表　37, 134
分散　16, 54
分散の加法性　120
分析ツール　171
分布　9

索　引

ベルヌーイの試行　56
偏差　16
偏差積和　28, 154
偏差平方和　16, 154
変数　2
変数減少法　164, 165
変数減増法　165
変数増加法　164
変数増減法　165
変量　2
母支持率に関する検定と推定　127
母集団　3
母数　59, 93
母分散の検定　113
母分散の推定　114
母分散の比に関する検定　118
母平均の検定　115
母平均の差の検定　121
母平均の推定　115

[ま行]

無作為抽出　4
無相関　26
メディアン　15
モード　15
目的変数　31, 150

[や行]

有意水準　106

余事象　44

[ら行]

ラグ　148
離散型確率変数　52
離散型データ　3
離散型変数　2
両側仮説　109
両側信頼区間　102
量的データ　3, 167
量的変数　2
理論標準偏差　55
理論分散　55
理論平均　55
累積確率関数　63
累積度数　7
連続型確率変数　63
連続型確率変数の同時確率分布　81
連続型データ　3
連続型変数　2, 61

[わ行]

和事象　44
和の記号　12

著者略歴

野 口 博 司 （のぐち ひろし）

- 1946 年　京都府に生まれる
- 1972 年　京都工芸繊維大学大学院工芸学研究科修士課程修了
- 1972 年　東洋紡㈱入社
- 1998 年　大阪大学より工学博士を授与
- 2000 年　東洋紡㈱技術部長より流通科学大学へ転職
- 現　在　流通科学大学商学部教授

又 賀 喜 治 （またが よしはる）

- 1947 年　島根県に生まれる
- 1973 年　大阪大学大学院理学研究科修士課程修了
- 1973 年　高松工業高等専門学校助手
- 1988 年　流通科学大学商学部助教授
- 現　在　流通科学大学商学部教授

社会科学のための統計学

2007 年 3 月 22 日　第 1 刷発行

|検印省略|

著　者　野　口　博　司
　　　　又　賀　喜　治
発行人　谷　口　弘　芳
発行所　株式会社 日科技連出版社
〒 151-0051　東京都渋谷区千駄ヶ谷 5-4-2
電話　出版　03-5379-1244
　　　営業　03-5379-1238～9
振替口座　東京 00170-1-7309

Printed in Japan　　印刷・製本　株式会社三秀舎

© *Hiroshi Noguchi, Yoshiharu Mataga 2007*
ISBN 978-4-8171-9216-5
URL　http://www.juse-p.co.jp/

本書の全部または一部を無断で複写複製（コピー）することは，著作権法上での例外を除き，禁じられています．

グラフィカルモデリングの実際	日本品質管理学会 テクノメトリックス研究会 編	A5・262 頁
応用2進木解析法	大滝・堀江・スタインバーク 著	A5・288 頁
統計的方法のしくみ	永田 靖 著	A5・256 頁
JUSE-StatWorksによる QC七つ道具，検定・推定入門	棟近編者，奥原 著	B5・192 頁
JUSE-StatWorksによる実験計画法入門	棟近編者，奥原 著	B5・224 頁
実験計画法特論	宮川雅巳 著	A5・328 頁
入門実験計画法	永田 靖 著	A5・400 頁
入門統計解析法	永田 靖 著	A5・288 頁
実験計画法 ―方法編―	山田 秀 著	A5・320 頁
実験計画法 ―活用編―	山田 編著，葛谷・澤田・久保田 著	A5・192 頁
応用実験計画法	楠・辻谷・松本・和田 著	A5・352 頁
医療技術系のための統計学	北畠・磯貝・福井 著	A5・222 頁
経営・経済系のための統計学	桑田秀夫 著	A5・206 頁
新版 品質管理のための統計的方法入門	鐵 健司 著	A5・312 頁
継続的改善のためのExcel統計解析講座第2巻 必須統計解析の基礎	二見・西 著	B5変・288 頁
品質管理のための実験計画法テキスト[改訂新版]	中里・川崎・平栗・大滝 著	A5・320 頁
実験計画法入門	安藤貞一・田坂誠男 著	A5・272 頁
多変量解析法（改訂版）	奥野・芳賀・久米・吉澤 著	A5・438 頁
入門タグチメソッド	立林和夫 著	A5・304 頁
実践タグチメソッド	渡部編著，鷺谷・桜井・土居，ほか 著	A5・304 頁

日科技連出版社

★日科技連出版社の図書案内はホームページでご覧いただけます．URL http://www.juse-p.co.jp/